Thuis Psilocybine-paddenstoelen kweken

De echte simpele gids voor het kweken en het veilige gebruik van magische paddenstoelen

Jonathan Syrian

© **Copyright 2021 by Jonathan Syrian**
All rights reserved

This document is geared towards providing exact and reliable information with regards to the topic and issue covered. The publication is sold with the idea that the publisher is not required to render accounting, officially permitted, or otherwise, qualified services. If advice is necessary, legal or professional, a practiced individual in the profession should be ordered.

From a Declaration of Principles which was accepted and approved equally by a Committee of the American Bar Association and a Committee of Publishers and Associations. In no way is it legal to reproduce, duplicate, or transmit any part of this document in either electronic means or in printed format. Recording of this publication is strictly prohibited and any storage of this document is not allowed unless with written permission from the publisher. All rights reserved. The information provided herein is stated to be truthful and consistent, in that any liability, in terms of inattention or otherwise, by any usage or abuse of any policies, processes, or directions contained within is the solitary and utter responsibility of the recipient reader. Under no circumstances will any legal responsibility or blame be held against the publisher for any reparation, damages, or monetary loss due to the information herein, either directly or indirectly.

Respective authors own all copyrights not held by the publisher.

The information herein is offered for informational purposes solely, and is universal as so. The presentation of the information is without contract or any type of guarantee assurance.

The trademarks that are used are without any consent, and the publication of the trademark is without permission or backing by the trademark owner. All trademarks and brands within this book are for clarifying purposes only and are the owned by the owners themselves, not affiliated with this document

Inhoudsopgave

Inleiding op paddenstoelen **6**
    Paddenstoelengebruik in de prehistorie 7
    Geschiedenis van de paddenstoelteelt 8
    Soorten en classificatie van paddenstoelen 9
    Geschiedenis en achtergrond van Psilocybine-paddenstoelen 11
    Verdere verbetering bij ontdekking van Psilocybine-paddenstoelen 12
    Loslating van de sporen 14
    De sporenverspreiding 15
    De levenscyclus van Psilocybine-paddenstoelen 16
Voorkomen van Psilocybine-paddenstoelen **18**
    Hoe en waarom Psilocybine-paddenstoelen die verschillende genen hebben 19
    Habitats van Psilocybine-paddenstoelen 20
    Grasland 22
    Mestafzettingen 23
    Oeverzones en verstoorde habitats 24
De biologie van Psilocybine-paddenstoelen **27**
    De levenscyclus van magische paddenstoelen 28
    Identificatie van Psilocybine-paddenstoelen 29
    Waarom het magische paddenstoelen zijn 34
Eigenschappen van Psilocybine-paddenstoelen **40**
    Chemische en fysische eigenschappen van psilocybine 41
    Fysieke en mentale effecten van psilocybine en psilocine 43
Medicinale eigenschappen van Psilocybine-paddenstoelen . **45**
    Biologische effecten 46
    Hallucinogene effecten van psychedelische paddenstoelen: 49
    Medisch gebruik 52
    Psychologische effecten 57
    Hoe Psilocybine and Psilocybine-paddenstoelen verkocht worden ... 61
Enkele populaire Psilocybine-paddenstoelen van over de hele wereld **64**
    Het genus Panaeolus 65
De beginselen van kweken **74**
    Delen van een paddenstoel 74

De levensduur van deze schimmel: 77
Levenscyclus van Psilocybine-paddenstoel 79
Reproductie van paddenstoelen 80
De fundamentele groei-parameters **83**
Tips voor het oogsten van Psilcobine-paddenstoelen 87
Een sporenspuit maken 88
Agar sporenontkieming 89
Sporenontkieming met kartonnen schijf 90
PF-TEK **93**
Flat Cake Tek **115**
Rye Grain Tek **118**
Popcorn Tek **121**
Popcorn-Tek materialen en benodigdheden: 121
'Grain spawn' maken van popcorn 122
'Fast Food of the Gods'-methode **127**
Psilly Simon's methode **130**
Tek voor magische truffels - Truffle Tek **140**
Materialen en benodigdheden voor het kweken **153**
Micro-dosing met Psilocybine-paddenstoelen **167**
Hoe micro-dose je met Psicolocybine-paddenstoelen? 169
Stap-voor-stap instructies voor het nemen van een micro-dosis: 169
Welk micro-dosing schema moet ik volgen? 170
Voordelen van micro-dosing: 172
Leiderschap en micro-dosing: 173

Hoofdstuk 1

Inleiding op paddenstoelen

Paddenstoelen maken al eeuwen deel uit van de menselijke voeding. Ze waren al deel van maaltijden voordat ze echt ontdekt werden. Mensen gebruikten ze in hun speciale maaltijden en medicijnen, maar ze kenden er geen echte naam voor. Er is een lange geschiedenis verbonden aan paddenstoelen en het gebruik ervan als eetwaren voor mensen. Naarmate de eetstijl veranderde, veranderde ook de manier waarop paddenstoelen gebruikt werden. Mensen waren al bekend met paddenstoelen lang voordat ze micro-organismen gebruikten. De paddenstoel is een schimmel, en echte definitie ervan werd geformuleerd door Chang en Miles, die zeiden dat een paddenstoel een macroschimmel is met een onderscheidend vruchtlichaam, ofwel epigeen of hypogeen, dat groot genoeg is om met het oog zien en met de hand te plukken. Ze werden niet alleen in Europa gebruikt, maar ook in het vroege Romeinse rijk, in Midden-Amerika, Zuid-Amerika en in Azië als deel van speciale maaltijden. Voordat paddenstoelen door de mens werden gekweekt, werden ze gevonden in de sedimenten van meren in Duitsland, Zwitserland en Oostenrijk. Mensen wisten niets over die parapluvormige stuifzwammen die in de prehistorie op vochtige plaatsen groeiden. In het oude Griekenland en Rome waren de taaiste en hardste paddenstoelen zoals truffel en 'orange' de duurste paddenstoelen.

Paddenstoelengebruik in de prehistorie

Het is bewezen dat er in de prehistorie paddenstoelen gebruikt werden in maaltijden en medicijnen, maar de exacte tijd en plaats van ontdekking zijn niet bekend. Het is mogelijk dat de inheemse stammen van de Sahara in Noord-Afrika paddenstoelen gebruikten, zoals te zien was op hun rotsschildering, die rond 9000 voor Christus werd gemaakt. In Spanje werden soortgelijke schilderijen ontdekt, 6000 jaar geleden gemaakt. Dit bewijst dat sommige paddenstoelen gebruikt werden bij sommige rituelen, en dat ze ook deel uitmaakten van culturele maaltijden. In de Egyptische cultuur werden paddenstoelen als 'planten van onsterfelijkheid' aanzien. Egyptische farao's waren zo geïnteresseerd in paddenstoelen dat ze verkondigden dat het een speciale vrucht is die enkel voor goden bedoeld is. Daardoor paddenstoelen beschouwd als een essentieel onderdeel van koninklijke maaltijden tijdens het bewind van de farao's.

Andere beschavingen beschouwden paddenstoelen ook als iets met superkrachten. In Rusland, China, Latijns-Amerika, Mexico en Griekenland was de paddenstoel een essentieel onderdeel van sommige rituelen. Op een gegeven moment dachten mensen dat het eten van paddenstoelen bovenmenselijke krachten zou kunnen opwekken en iemand op een pad naar de goden zou kunnen leiden.

Geschiedenis van de paddenstoelteelt

Paddenstoelenteelt begon in de jaren 600 in Azië. Maar in Europa begon de teelt van de schimmel (paddenstoel) in de jaren 1600. De geschiedenis leert dat het telen van paddenstoelen in de jaren 1650 in Parijs begon, toen een inheemse boer schimmel zag groeien op zijn meloenenveld. Hij kwam op het idee om deze schimmel op commercieel niveau te kweken, en op dit moment veranderde men van gedachten over paddenstoelen. Hij leverde de parapluvormige schimmel aan restaurants, waar hij als gerecht werd gebruikt. Dat soort paddenstoelen heette "Parijse paddenstoel".

Onderzoekers ontdekten schimmels die groeiden in grotten rond Parijs, waarvan de geschiedenis teruggaat tot de jaren 1600, toen Franse tuinders ontdekten dat de vochtige en koele omgeving van grotten geschikt is voor het kweken van paddenstoelen. Daarom werden paddenstoelen op grote schaal in grotten gekweekt. In Nederland werd de paddenstoelenteelt in de jaren 1800 geïntroduceerd, maar dan op kleine schaal. Later werd op grote schaal paddenstoelenteelt gedaan in mergelmijnen in Limburg. Na de grotten en mijnen werden andere methoden van paddenstoelenteelt ontwikkeld, die hoge paddenstoelenopbrengsten opleverden in de regio. Voordien waren paddenstoelen specifiek en alleen beschikbaar voor de elite. Nederlanders hadden de strengste regels en controles voor de paddenstoelenteelt. Hierdoor werd Nederland 50 jaar geleden het grootste land op vlak van paddenstoelenkwekerij. Maar ook China en de VS werden concurrenten op vlak van de paddenstoelenteelt. China produceert nu ongeveer 70% van 's werelds passenstoelen, dus China staat op de eerste positie in de paddenstoelenteelt, gevolgd door de VS en Nederland.

Soorten en classificatie van paddenstoelen

Soorten paddenstoelen

Over het algemeen worden paddenstoelen onderverdeeld in vier categorieën, waaronder eetbare paddenstoelen, medicinale of therapeutische paddenstoelen, giftige paddenstoelen en diverse (mix) paddenstoelen.

Eetbare paddenstoelen: deze paddenstoelen kunnen als menselijke voeding worden gebruikt. Ze maken al eeuwenlang deel uit van maaltijden in verschillende beschavingen. Enkele voorbeelden van deze paddenstoelen zijn Cantharellus cibarius, Hericium erinaceus, Boletus edulis, etc.

Medicinale of therapeutische paddenstoelen

Honderden soorten paddenstoelen hebben therapeutische en genezende eigenschappen, en daarom worden ze vaak in medicijnen gebruikt. Sommige paddenstoelen met hallucinogene eigenschappen worden ook als natuurlijke genezers beschouwd. Een oude genezer uit Mexico, Maria Sabina, gebruikte bijvoorbeeld hallucinogene psilocybine-paddenstoelen om mentale, spirituele en fysieke problemen te genezen. Enkele voorbeelden van therapeutische paddenstoelen zijn Fomitopsis pinicola, Hericium erinaceus, inonotus obliquus, etc.

Giftige paddenstoelen: Deze zijn extreem giftig, wat zelfs tot de dood kan leiden. In de volgende sectie is er een uitgebreide bespreking van giftige paddenstoelen. Een voorbeeld van zo een giftige paddenstoel is Amanita phalloides.

Diverse paddenstoelen: Er is een groot aantal paddenstoelen waarvan de kenmerken en speciale eigenschappen nog onontdekt zijn

Geschiedenis en achtergrond van psilocybine-paddenstoelen

Zoals vermeld in de geschiedenis, werden sommige paddenstoelen gebruikt voor religieuze doeleinden en bij verschillende rituelen. Deze paddenstoelen, die vanuit religieus oogpunt van groot belang zijn geweest, zijn meestal psilocybine-paddenstoelen. Deze geestverruimende lichamen zijn een belangrijk onderdeel geweest van culturen van alle tijden en regio's. Veel religies en filosofieën van over de hele wereld zijn beïnvloed door deze 'magische paddenstoelen'.

Reko, Richard E. Schultes, Roger Heim en R. Gordon Wasson zijn de wetenschappers en onderzoekers die het geluk hebben gehad om de overblijfselen van het historische gebruik van psilocybine-paddenstoelen te herontdekken. Ze ontdekten dat de oude inheemse Meso-Amerikaanse mensen psilocybine-paddenstoelen gebruikten bij hun rituelen en ceremonies. Hun onderzoek toonde aan dat hedendaagse paddenstoelenculturen voorouderlijke banden hebben met de psilocybine-paddenstoelen, die werden gebruikt in de religieuze praktijken van beschavingen zoals die van de Azteken en de Maya's. De geschiedenis leert ons dat de Azteken zo sterk geloofden in een specifieke Psilocybine-paddenstoel (Psilocybe Mexicana) dat ze deze Teonanacatl noemden, oftewel 'Gods vlees'. In de 16^e eeuw ging een franciscaan op expeditie met een team. Hij deed verslag van het Azteekse geloof in 'Gods vlees', maar misleidde de katholieken. Katholieken voerden in die tijd campagne tegen het heidendom, en waren misleid over het gebruik van paddenstoelen. Ze geloofden dat heidenen psilocybine-paddenstoelen aanbaden, en beperkten daarom het gebruik ervan. Dit resulteerde in de geplande ondergang van deze cultuur, maar ze konden niet al het bewijs vernietigen. Het onderzoek en de rapporten van Franciscaan Bernardino De Sahagun zijn onze ultieme bronnen van kennis over het gebruik van dit soort paddenstoelen door Azteekse stammen.

Verdere verbetering bij de ontdekking van psilocybine-paddenstoelen

Deze situatie deed een nieuw geloof ontstaan, een mix van christendom en paddenstoelenrituelen. R. Gordon Wasson en zijn team ontdekten ook een inheemse genezer genaamd Maria Sabina, die psilocybine-paddenstoelen gebruikte om allerlei mentale, fysieke en spirituele problemen te genezen. Men zei dat ze bijzondere "magische paddenstoelen" had. In hun zoektocht naar die magische passenstoelen, kwamen de Amerikanen op de hoogte van de Psilocybine-paddenstoelen uit Mexico. Eenmaal meer mensen Maria Sabina ontdekten, werd ze populair tot buiten Amerika, en velen gingen op zoek naar haar en haar magische paddenstoelen.

Het traditionele en religieuze gebruik van psilocybine-paddenstoelen werd niet alleen in Mexico en Amerika aangetroffen, maar ook in de oude Europese cultuur. De filosofen Aristoteles, Plato, Homerus en Sophocles namen deel aan ceremonies in de tempel van Demeter, de godin van de landbouw.

In die tempels werden er vreemde ceremonies gehouden: mensen dachten dat ze veranderd waren nadat ze er een nacht hadden doorgebracht. In 1977 werd er in Europa een conferentie over paddenstoelen gehouden, waar verschillende psychoactieve paddenstoelen van over de hele wereld werden besproken, en dit werd een nieuw onderzoeksonderwerp voor onderzoekers.

Wasson en zijn team waren de eerste etnomycologen, terwijl Jonathan en zijn team de tweede generatie etnomycologen vormen. Psilocybine-paddenstoelen hebben dramatische effecten op de menselijke geschiedenis gehad, en zullen er nog veel meer hebben. Als we het hebben over de geschiedenis van de natuurlijke teelt van psilocybine-paddenstoelen, dan was de Franse mycoloog Roger Heim de pionier die er in de jaren 50 in slaagde om een groot aantal psilocybinesoorten te kweken. Hij gebruikte de materialen die Wasson en zijn team van hun expeditie hadden meegebracht. Toen begon het echte werk: tot het einde van de jaren zeventig werden er veel Psilocybine-paddenstoelensoorten ontdekt, en er zijn nog steeds veel onontdekte soorten.

Voortplanting en levenscyclus van paddenstoelen

De meeste schimmelsoorten planten zich seksueel voort. Seksuele voortplanting vindt plaats wanneer een nieuw organisme wordt gevormd door de recombinatie van mannelijk en vrouwelijk genetisch materiaal. In wetenschappelijke taal heet dit genetische materiaal gameten. Het genetisch materiaal of de gameten van schimmels zijn sporen. De structuur van sporen is pas goed vastgelegd na de uitvinding van de microscoop. Sporen kunnen immers niet met het blote oog worden gezien. Microscopische waarnemingen tonen aan dat de spore een cel is, beschermd door een buitenwand, in een compacte vorm, en die zichzelf jarenlang inactief kan houden. Het maakt zichzelf pas actief als het een geschikte omgeving heeft gevonden. De meeste schimmelsoorten groeien in een vochtige omgeving, dus wanneer sporen een dergelijke omgeving vinden, beginnen ze met het reproductieproces. Neem het voorbeeld van Basidiomyceten: hiervan zijn de sporen aanwezig op hun basidiën, die eruitzien als een honkbalknuppel, en ze zijn aanwezig in de plaatjes van de paddenstoelen. Deze basidiën zijn in een prachtig patroon gerangschikt aan de onderkant van de paddenstoelenhoed. Deze hoed of pileus is bevestigd aan een stengel met een cilindrische vorm, die mycologen de 'steel' noemen.

Loslating van de sporen

De sporen zijn paars van kleur wanneer ze onder een microscoop worden waargenomen. Het uiteinde van een basidium, dat hoornvormig is en naar buiten uitsteekt, wordt sterigma genoemd. Een interessant feitje is dat de lucht onder de hoed van paddenstoelen, rond de plaatjes, koeler is dan de lucht aan de bovenkant. Dit komt door het verdampingsmechanisme, waarbij de bovenkant naar de zonnestralen is gericht en de vochtige lucht aan de onderkant koel wordt. Wanneer de lucht afkoelt tijdens het verdampingsproces, condenseert het water rond de sporen: dit proces vormt een druppel op de plaats waar de sporen samenkomen met zijn stengel. Die druppel groeit totdat hij zijn spanning verliest en niet meer kan groeien. Daardoor verspreidt het water in de druppel zich over de sporen, wat de sporen dwingt om naar het sterigma te bewegen. Wanneer het het sterigma raakt, ontstaat er een elastische reactie, en komt het met kracht terug: we kunnen zeggen dat het gekatapulteerd wordt door het sterigma. Hierdoor vallen de sporen, en de wind draagt ze weg van hun bron, samen met vele andere sporen.

De sporenverspreiding

De wind of de lucht neemt de sporen weg en werpt ze naar velden, muren of andere plekken. Wanneer die sporen een geschikte omgeving vinden, groeien ze; anders blijven ze jarenlang inactief. Door wind verspreide sporen kunnen ook door dieren en vogels verplaatst worden. De wind blies bijvoorbeeld een psilocybine-paddenstoelenspore in een veld; daarna kwam er een geit, die de sporen met gras opat, maar ze niet kan verteren omdat ze goede bepantsering hebben. De sporen komen via de uitwerpselen van de geit terug naar buiten, en als ze daar een geschikte omgeving vinden, groeien ze uit tot een nieuwe psilocybine-paddenstoel.

Tijdens het groeien bevatten schimmels een groot aantal schimmeldraden of hyphae. Hyphae worden gedefinieerd als lange draad- en buisvormige cellen, die aan de bovenste uiteinden splitsen, waardoor een vorkachtige structuur ontstaat. Een netwerk van schimmeldraden wordt "Mycelium" genoemd. Mycelium verschijnt in de vorm van witte, haarachtige gezwellen op een voedsel- of bodemoppervlak (oftewel een substraat). De meeste schimmels blijven ongedifferentieerd in de vorm van mycelium; slechts enkele ervan groeien uit tot structuren zoals paddenstoelen, stuifzwammen, beugelschimmels, enz. Het kan gebeuren dat het door schimmel aangetaste oppervlak begint af te breken. Eigenlijk scheidt het mycelium spijsverteringsenzymen uit, die het substraat afbreken tot organische moleculen, die het mycelium vervolgens absorbeert als voedsel.

De levenscyclus van Psilocybine-paddenstoelen

Wanneer sporen transformeren in myceliumkolonies, eten ze het substraat op en produceren ze meer sporen. Die sporen gaan op zoek naar sporen van andere kolonies om zich voort te planten. Schimmels willen immers diversiteit verspreiden, en daarvoor vormen ze verschillende voortplantingstypes. Telkens wanneer sporen van het ene geslacht geschikte sporen van een ander geslacht vinden, beginnen ze zich voort te planten. De cellen van mycelium zijn monokaryotisch en hebben een haploïde kern (half genetisch materiaal). Dit langzame, vage materiaal vormt, wanneer het samensmelt met een andere helft genetisch materiaal (haploïde kern), een cel die twee kernen bevat, een dikaryotische cel. Dit proces is het meest kenmerkend voor basidiomyceten, waarbij de kernen zelfs in een enkele cel gescheiden blijven. Het fenomeen verschilt van andere organismen, omdat er twee kernen in een enkele cel blijven totdat ze zich in het basidium verenigen. Kortom, de voortplanting met de schimmel begint heel vroeg en eindigt erg laat. Het proces gaat door totdat het mycelium verandert in het vruchtlichaam van een paddenstoel. Hieronder volgt een eenvoudige illustratie van de levenscyclus van een paddenstoel, die geldt voor bijna alle geslachten, maar eigenlijk een illustratie is van de levenscyclus van psilocybine-paddenstoelen.

Hoofdstuk 2

Voorkomen van Psilocybine-paddenstoelen

Psilocybine-paddenstoelen bevatten twee verbindingen: psilocybine en psilocine. Psilocybine-paddenstoelen zijn dus hallucinogene paddenstoelen vanwege de aanwezigheid van deze twee onderdelen. Als we kijken naar andere paddenstoelen en hun evolutie, zijn deze onderdelen niet in alle paddenstoelen aanwezig. Dit betekent dat deze paddenstoelen geen hallucinogene eigenschappen hadden toen ze evolueerden. Als we kijken naar de evolutie van paddenstoelen, zien ze er nu heel anders uit dat ze dat ooit gedaan hebben. Ze zijn geëvolueerd uit Pseudomonas; vervolgens zijn stuifzwammen en dan morieljes geëvolueerd, en nu de nieuwste parapluvormige paddenstoelen. Op dezelfde manier hebben verschillende paddenstoelen hun eigenschappen aangepast aan de omgeving. Psilocybine-paddenstoelen, die ook wel psychedelische paddenstoelen of magische paddenstoelen worden genoemd vanwege hun magische effecten op de menselijke geest, bevatten deze psychoactieve bestanddelen. Jason Slot deed hier onderzoek naar aan de Ohio State University. Hij beweerde dat de Psilocybine-paddenstoelen een brede biologische afstamming hebben en verschillend morfologisch uiterlijk.

De omgeving biedt zowel stressfactoren als kansen, en die twee factoren zijn ook verantwoordelijk voor fysieke en genetische veranderingen in organismen. Horizontale genoverdracht is een natuurlijk proces dat veranderingen op genetisch niveau ontwikkelt door genetisch materiaal van andere organismen over te dragen. Slot geloofde dat psilocybine-paddenstoelen hallucinogene genen kregen uit dergelijke genoverdrachten. Onderzoek naar psychedelische paddenstoelen en onderzoek naar andere schimmels (die niet hallucinogeen zijn) toonde aan dat er enkele verschillen zijn in het genetisch materiaal. Alle hallucinogene paddenstoelen (psilocybine-paddenstoelen) delen een cluster van vijf genen die niet aanwezig waren in andere schimmels.

Hoe en waarom psilocybine-paddenstoelen die verschillende genen hebben

Psilocybine-paddenstoelen hebben eigenschappen die hallucinaties bij mensen veroorzaken: ze hebben het vermogen om de menselijke geest in een veranderde toestand te brengen. Dit komt door de aanwezigheid van psilocybine, aanwezig dankzij dat cluster van psilocybineproducerende genen.

Onderzoek toont aan dat die genen mogelijk zijn overgedragen van bepaalde schimmeletende insecten. Omdat deze paddenstoelen groeien in een omgeving vol insecten, dierlijke mest, verrot hout en dergelijke, aten insecten van de schimmels, en als resultaat ontwikkelden die paddenstoelen bescherming door psilocybine te produceren. Dit beïnvloedt niet alleen de menselijke geest, maar ook de hersenen van insecten. Het onderdrukt een neurotransmitter bij insecten waardoor de eetlust afneemt, zodat ze de paddenstoelen niet snel opeten. Het eten van psilocybine-paddenstoelen doodt geen insecten, maar het verandert hun hersenen en werkvermogen. De geschiedenis leert dat psilocybine-paddenstoelen ook zijn gebruikt als insectenwerende middelen, zelfs wanneer men niet wist wat de precieze werking ervan was. Veel psilocybine-paddenstoelen heb niet veel genetisch materiaal gemeenschappelijk, behalve dit cluster van vijf genen, waaruit blijkt dat ze van verschillende biologische achtergronden komen. Het delen van die psilocybineproducerende gencluster toont aan dat de horizontale genoverdracht plaatsvond voor beschermende en evolutionaire doeleinden, voor het voortbestaan van de paddenstoelensoorten. Het decoderen van die genen kan dus nieuwe deuren openen in het onderzoek, om de genen te bestuderen en hun impact op de menselijke geest en het lichaam te onderzoeken.

Habitats van Psilocybine-paddenstoelen

Psilocybine-paddenstoelen groeien over de hele wereld, maar worden meestal in velden en bossen aangetroffen. Zoals andere schimmels zijn het saprofyten, dus ze kunnen hun voedsel niet zelf maken zoals planten. In plaats daarvan groeien ze meestal op dood plantmateriaal en leefden ze in beperkte gebieden voordat mensen ze ontdekten. Sommige ecologische en natuurlijke rampen, zoals landverschuivingen, overstromingen, vulkanen en orkanen, creëerden geschikte leefgebieden voor psilocybine-paddenstoelen, door milieueffecten achter te laten. Zulken natuurlijke processen zijn ook verantwoordelijk voor de verplaatsing van Psilocybine-paddenstoelen van de ene plaats naar de andere. Toen mensen bomen begonnen om te kappen, vonden de paddenstoelen hun plaats op houten spaanders en verrot hout, enz. Ze pasten zich zo sterk aan de menselijke omgeving aan dat ze begonnen te groeien in tuinen, bij huizen, in velden enz. Psilocybine-paddenstoelen zijn dus nauw verwant met menselijke activiteit. Menselijke activiteit en klimaatveranderingen veranderden veel groene gebieden in woestijnen, maar Psilocybine-paddenstoelen bleven groeien en bleven zich aanpassen aan hun omgeving.

Psilocybine-paddenstoelen hebben vijf belangrijke habitats, waaronder:

- Grasland
- Mestafzettingen
- Verbrand land

- Oeverzones (overstroomde gebieden)
- Mosland

Grasland

Graslandhabitats, die meestal nat en moerassig zijn, ondersteunen de groei van psilocybine-paddenstoelen. Deze vochtige omgevingen zijn zeer goede habitats voor schimmels, en daarom komen sommige Psilocybine-paddenstoelen enkel voor in graslanden. In zulke habitats groeien meestal kegelvormige, lange, dunne en kleine Psilocybes, bijvoorbeeld P.*strictipes*, P.*liniformans*, P.*semilanceata*, P.*mexicana* en P.*samuiensis*. De meeste groeien op gematteerde grasbodems, op kameelgras of op citroengras. Sommige tryptamineproducerende grassen zijn ook een goede habitat voor Psilocybes, omdat deze grassen een impact kunnen hebben op de productie van psilocybine en psilocine. Kanariegrassen bevatten dimethytrypton en zijn ook een goede habitat voor psilocybine. Dit betekent dat grassen verschillende effecten hebben op de groei en eigenschappen van psilocybine-paddenstoelen. Hun omgeving heeft een aantal morfologische effecten, waardoor we psilocybine-paddenstoelen uit graslanden makkelijk kunnen identificeren. Sommige Psilocybine-paddenstoelen uit graslanden komen uit de Sclerotia-cultuur, omdat ze hard van vorm zijn en nootachtige structuren hebben. Sommige Psilocybine-paddenstoelen uit graslanden produceren sclerotia die milieurampen kunnen overleven, bijvoorbeeld P.*mexicana*, *Conocybe cyanapus* enz. De meeste soorten Psilocybine-paddenstoelen uit graslanden houden van vochtige omgevingen, en van humus. Deze soorten groeien in rode klei of donkere leem en hechten zich meestal aan hoog gras, waardoor ze gemakkelijk te plukken zijn. De graslandsoorten Psilocybine-paddenstoelen worden verspreid door grazende dieren zoals schapen, paarden, runderen, yaks, waterbuffels enz. Gewoonlijk blijven deze paddenstoelen onverteerd in het lichaam van een dier en worden ze uitgescheiden via hun uitwerpselen, waardoor deze paddenstoelen verder groeien op mestplaatsen.

Mestafzettingen

De soorten die groeien op graslanden en op mestafzettingen delen een geografische niche. De meeste soorten die in graslanden groeien, groeien ook in mestafzettingen. Zoals eerder vermeld, scheiden grazende dieren onverteerde sporen van paddenstoelen uit in hun ontlasting en zijn ze verantwoordelijk voor de groei van psilocybine-paddenstoelen in mestafzettingen. Mestafzettingen zijn geen permanente habitats: het zijn habitats van korte duur. De Psilocybine-paddenstoelen groeien er, maar kunnen er niet lang verderleven. *Psilocybe cubensis* is een mestbewonende soort, en het feit dat die samen voorkomt met de graslandsoort *Psilocybe mexicana* is een voorbeeld van de relatie tussen graslanden en mesthabitats. Andere bekende soorten die in mestafzettingen leven, zijn *Psilocybe coprophila, Panaeolus cyanescens* en *Panaeolus subbalteatus,* enz. De mestafzettingen van de Cascade Mountains in de Pacific Northwest zijn grote leefgebieden van Psilocybine-paddenstoelen en bieden een gemakkelijk te vinden habitat voor deze paddenstoelen.

Verbrande gronden

Hoewel verbrande gronden niet erg goed zijn voor de groei van psilocybine-paddenstoelen, zijn er soms goede vruchtlichamen te vinden. In sommige regio's, zoals Centraal Oregon, heeft men de gewoonte om velden en zaaigronden te verbranden en vervolgens opnieuw te laten groeien. Op zulke landen zijn er van vruchtlichamen van Psilocybine-paddenstoelen ontdekt, zoals *Psilocybe strictipes*. De natuurlijke wedergeboorte van deze landen bevordert de groei en ontwikkeling van psilocybine-paddenstoelen. Bodemerosie, scheurvorming enz. kan optreden bij verbrande gronden. Maar de groei van Psilocybine-paddenstoelen kan ook worden ondersteund door overstromingen enz.

Oeverzones en verstoorde habitats

Een oeverzone is een gebied dat de verbinding vormt tussen een landgebied en een beek of rivier. Ze ontstaan meestal wanneer rivieren overstromen. Wanneer een stroom op zijn hoogtepunt is, reikt hij tot aan de planten en bomen, wat enige schade veroorzaakt, maar na die overstroming vormt er zich een oeverzone. Deze regio's hebben een hoog zandgehalte, maar zijn een grote bron van biomassa. In zulke oeverzones groeien veel soorten psilocybine-paddenstoelen omdat ze daar een geschikte omgeving vinden. *Psilocybine quebecens* is bijvoorbeeld een populaire soort die groeit in oeverzones. De paddenstoelensoorten die daar groeien, groeien ook in verstoorde habitats. Verstoorde habitats worden gevormd door natuurrampen zoals overstromingen, aardbevingen, enz. Warmwaterbronnen en geisers zijn ook een combinatie van oeverzones en verstoorde habitats, veroorzaakt door bepaalde veranderingen in de natuur. *Psilocybe Cyanofiberillosa* is een voorbeeld van een psilocybinesoort die in dergelijke habitats leeft. Laten we verstoorde habitats in detail bespreken.

Tuinen

Tuinen vallen onder de categorie verstoorde habitats vanwege het doorlopende bewerkingsproces. Het zijn uitstekende leefgebieden voor psilocybine-paddenstoelen. Tuinen zijn gunstig voor deze paddenstoelen dankzij de dagelijkse bewatering, bodemaanpassingen en plantengroei. Voorbeelden van soorten die in tuinen groeien zijn onder meer *Psilocybe baeocystis, Psilocybe caerulescens, Psilocybe Stuntzii* enz.

Wouden

Wouden bestaan meestal uit naaldbomen en andere subtropische planten. Dit is een zeer geschikte habitat voor de groei van Psilocybine-paddenstoelen. De vochtige omgeving en bodem bevorderen de groei van deze paddenstoelen en vele andere soorten.

Mosland

Mosland is een volgende habitat van de Psilocybine-paddenstoel, aangezien mosland bedekt is met Sphagnum. Sphagnum is een populair veenmos dat als substraat kan functioneren voor Psilocybine-paddenstoelen. Mosland is geen ideale habitat voor deze paddenstoelen.

Hoofdstuk drie

De biologie van Psilocybine-paddenstoelen

Het uiterlijk van Psilocybine-paddenstoelen wordt gekenmerkt door de rechte stengel en de open platte hoed, breed en donker, bruin van kleur. Onervaren personen kunnen de psilocybine-paddenstoelen moeilijk identificeren en kunnen ze verwarren met andere paddenstoelen. Veel paddenstoelen zijn giftig en kunnen de dood veroorzaken; daarom mag een leek geen psilocybine-paddenstoelen zoeken zonder de hulp van een expert. Experts kunnen deze paddenstoelen gemakkelijk identificeren dankzij hun ervaring. Psilocybine-paddenstoelen zijn meestal te herkennen aan hun plaatjes, die wit van kleur zijn. In de bekleding van deze plaatjes zijn sporen aanwezig. Die sporen zijn verantwoordelijk voor het verspreiden van deze paddenstoelen via diverse verspreidingsprocedures. Niet alle paddenstoelen met plaatjes zijn psilocybine-paddenstoelen. Psilocybine-paddenstoelen hebben bruine of zwarte sporen in de plaatjes, en soms hebben deze paddenstoelen blauwachtige vlekken.

Eerder is al besproken dat psilocybine-paddenstoelen saprofiet zijn, net zoals alle andere schimmels. Ze hebben dezelfde interne structuur als andere schimmels met een hoed die vasthangt aan een stengel met daarin plaatjes. De stengel is vastgemaakt aan de volva, en de volva staat op hyphae (de uitstekende haarachtige structuren) en hecht de paddenstoel aan de grond - deze worden mycelium genoemd. Bijna alle schimmels hebben deze structuur, met weinig uitzondering, zoals eerder vermeld.

De levenscyclus van magische paddenstoelen

De hyfae van mycelia van magische paddenstoelen doorgaan plasmogamie, een proces waarbij het cytoplasma van twee verschillende oudercellen samensmelt, maar de kernen niet samensmelten. Dit betekent dat het cytoplasma combineert, maar de kernen blijven haploïde. Psilocybine-paddenstoelen hebben haploïde gameten, d.w.z. (n) in plaats van (2n). Ze vormen een diploïde mycelium van een haploïde ouder. Wanneer de omgeving geschikt is, groeit dit mycelium uit tot paddenstoelen. Wanneer de karyogamie optreedt in de cellen, resulteert dit in de vorming van plaatjes. Karyogamie is een proces waarbij de twee niet-gefuseerde haploïde kernen samensmelten om diploïde kernen te vormen. Houd rekening met deze punten om de levenscyclus van psilocybine-paddenstoelen te begrijpen:

- Sporen komen los en verspreiden zich door de wind
- Zoek een geschikte omgeving en laat ontkiemen
- Voortplanting

- Plasmogamie treedt op
- Dikaryotisch mycelium
- Plaatjes met basidia worden gevormd
- Haploïde kernen
- Karyogamie treedt op
- Er vormen zich diploïde kernen
- Meiose treedt op (vorming van basidiosporen)
- Afgifte van sporen
- Cyclus gaat verder

Met slechts kleine verschillen doorlopen alle paddenstoelen deze levenscyclus. De interne structuur en chemie van alle paddenstoelen zijn hetzelfde, op enkele verschillen na. Psilocybine-paddenstoelen bevatten bijvoorbeeld psilocybe, dat in deze paddenstoelen aanwezig is vanwege horizontale genoverdracht. De biologische en chemische eigenschappen van deze paddenstoelen zullen verder worden besproken.

Identificatie van psilocybine-paddenstoelen

Veel mensen verwarren ze met andere paddenstoelen. Om Psilocybine-paddenstoelen te identificeren, heb je veel expertise en ervaring nodig, aangezien verkeerde identificaties gezondheidsrisico's met zich mee kunnen brengen. Sommige mensen verwarren magische paddenstoelen met andere, en als die ze eten, kunnen ze psychische problemen krijgen omdat ze niet weten hoe ze deze hallucinogene paddenstoelen op de juiste manier moeten gebruiken. Sommige paddenstoelen zijn dodelijk giftig en het is mogelijk dat verzamelaars de verkeerde paddenstoelen plukken in plaats van psilocybine-paddenstoelen. Als paddenstoelenverzamelaar moet je dus scherp kunnen observeren en kennis hebben van psilocybine-paddenstoelen.

Hofmann en zijn team waren de eersten die de psilocybine-paddenstoelen met succes identificeerden met behulp van laboratoriummethoden. In 1958 werden ze officieel geïdentificeerd; daarvoor herkende men deze paddenstoelen alleen aan de hand van hun uiterlijk en veronderstellingen. Hofmann en zijn teamleden brachten daar verandering in. Ze gebruikten *Psilocybe mexicana* en lieten zijn culturen in het laboratorium groeien, om vervolgens de vruchtlichamen, sclerotia en mycelium te kweken met behulp van de culturen. Ze constateerden ook dat dezelfde psychoactieve activiteit aanwezig was in gedroogde als in verse monsters van *Psilocybe mexicana*. Dat was het moment waarop de verbindingen achter de psychoactieve activiteit en hallucinogene eigenschappen van deze paddenstoelen werden ontdekt. Onjuiste identificatie van paddenstoelen kan tot de dood leiden, dus men moet de vorm en structuur van psilocybe-paddenstoelen begrijpen om verkeerde identificatie te voorkomen. Omdat deze paddenstoelen hallucinogene eigenschappen hebben, kunnen ze de menselijke geest veranderen en zo psychologische effecten veroorzaken. Deze effecten kunnen voor van korte of lange duur zijn, afhankelijk van de ingenomen hoeveelheid en de kracht van dat specifieke type.

Om magische paddenstoelen te identificeren, moet je rekening houden met deze punten:

- Bruine paddenstoelen (bruine vruchtlichamen)
- Met witte plaatjes aan de onderkant
- De meeste psilocybe-paddenstoelen hebben een ring om hun nek, dus houd daar ook rekening mee
- Kleur ban de sporen (meestal paars gekleurde sporen)

Dit is niet de ultieme gids voor het identificeren van paddenstoelen, dus als je dergelijke paddenstoelen vindt en je moet bepalen of het magische paddenstoelen zijn of niet, controleer ze dan in je laboratorium om dit te bevestigen. Sporenafdrukken kan je ook gebruiken als een gemakkelijke methode om ze te ontdekken. Neem een stuk papier en leg er sporen op. Controleer dan welke kleur ze achterlaten op vloeipapier. Dit kan helpen om Psilocybine-paddenstoelen te identificeren. De twee belangrijke methodes om paddenstoelen te identificeren zijn dus:

- Sporenafdrukken
- Blauwingsreactie

Sporenafdruk

De kleur van de sporen is het belangrijkste bij het identificeren van paddenstoelen. Als je een paddenstoelenverzamelaar bent, of als je op zoek bent naar Psilocybe-paddenstoelen voor een bepaald doel, bestudeer dan hun sporen. Neem de paddenstoelen en doe ze in plastic zakjes, maar onthoud dat je de zakjes niet te strak mag dichtmaken omdat de paddenstoelen lucht moeten krijgen. Als paddenstoelen drogen, veranderen de sporen van kleur, wat de identificatie bemoeilijkt. Gebruik dus verse en levende paddenstoelen.

Open de plastic zak, neem een paddenstoel en snijd deze in stukjes. De goede manier om die paddenstoelen te snijden is als volgt. Kies afgeplatte paddenstoelen om te snijden en scheid hun hoeden van de stengel met een mes. Leg de plaatjes van de paddenstoelen (onderkant van de hoed) op het papier of vloeipapier en bedek het met wat glas om de hydratatie te verhogen en de kans op uitdroging te verkleinen. Door de luchtstromen weg te houden, krijg je een goede sporenafdruk. Als de plaatjes vochtig of nat zijn, geven ze een goede sporenafdruk. Als ze een paarse of donkerpaarse kleur achterlaten op vloeipapier, zijn het zeker psilocybine-paddenstoelen. Dit fenomeen wordt sporenafdrukken genoemd omdat de sporen hun afdruk op het tissuepapier achterlaten voor identificatiedoeleinden. De sporen zullen volgens de symmetrie van de plaatjes op het papier afdrukken en zo kan je de massa en kleur van de sporen zien. Na identificatie kun je de print labelen en kun je deze sporenprints in de toekomst gebruiken voor de paddenstoelenkweek.

Blauwingsreactie

De tweede belangrijke strategie om psilocybine-paddenstoelen te identificeren, is hun blauwingsreactie. Veel psilocybine-paddenstoelen hebben gemeenschappelijke eigenschappen op basis waarvan we ze kunnen identificeren. De meeste psilocybine-paddenstoelen worden blauwachtig of blauwachtig groen wanneer ze gekneusd zijn. Paddenstoelen krijgen niet alleen vlekken als ze worden geplet: er kunnen blauwachtige vlekken ontstaan als ze simpelweg worden vastgenomen of geplukt. Deze blauwingsreactie laat zien dat er iets bijzonders in deze paddenstoelen zit. Wetenschappers en onderzoekers zijn op zoek naar de reden achter deze blauwingsreactie. Een mogelijke reden achter het blauw worden is de afbraak van psilocybe- en psilocineverbindingen. Enkele andere onbekende verbindingen nemen ook deel aan deze reactie. Dit is de belangrijkste eigenschap van psilocybine-paddenstoelen, aangezien ze niet bij andere soorten voorkomt. Anderzijds, daarentegen, vertonen sommige psilocybe-soorten geen blauwe kleur of blauwe vlekken.

Na enige tijd ontdekten onderzoekers ook dat er enkele giftige paddenstoelen zijn met blauwachtige verkleuringen, die geen psilocybe hebben. De *Hygrphorus conicus* is bijvoorbeeld een giftige paddenstoelensoort die bij het oppakken een blauwachtige reactie vertoont. De blauwingsreactie is dus een primaire parameter voor de identificatie van psilocybine-paddenstoelen, maar geen voldoende parameter. Een deskundige is nodig om de juiste soort te identificeren. Experts kunnen de psilocybine-paddenstoelen ook in laboratoria controleren om de aanwezigheid van specifieke psilocine- en psilocybe-verbindingen te bevestigen.

De eliminerende identificatietechniek

Als iemand expertise wil opdoen in het identificeren en verzamelen van psilocybine-paddenstoelen, moet hij de techniek van het elimineren gebruiken. Verzamel eerst de paddenstoelen waarvan je betwijfelt dat het psilocybine-paddenstoelen zouden kunnen zijn. Verzamel kegelvormige hoedpaddenstoelen, met een lange steel, donkerbruine puntige hoeden en bruine plaatjes. Doe deze paddenstoelen in plastic zakken. Breng ze naar het laboratorium en laat ze drogen totdat de plaatjes geel beginnen te worden en de witte stengels bruin worden. Leg de plaatjes op een vel papier en wrijf erover met het papier om de kleur van de sporen te controleren. De paarse sporen verschijnen en laten een sporenafdruk achter. Controleer het mycelium; het zal blauwe verkleuringen hebben. Bekijk de randen van de plaatjes van dichterbij en je zult er een witgekleurde band omheen zien. Als de paddenstoelen al deze eigenschappen tegelijk hebben, dan zijn ze van het psilocybe-geslacht.

Voor verdere bevestiging kun je ook een laboratoriumtest gebruiken om de aanwezigheid van psilocybe en psilocine te controleren. Deze techniek zal zeker helpen om de psilocybine-paddenstoelen te identificeren. Oefening baart kunst, dus vertrouw je eerste observatie niet voor identificatie. Beide technieken, de blauwingsreacties en sporenafdrukken, vereisen diepe observaties. Als je goed kan observeren, kan je in korte tijd een Psilocybe-identificator worden.

Waarom het magische paddenstoelen zijn

Waarom worden deze paddenstoelen magisch genoemd? Door hun magische eigenschappen worden ze gebruikt in rituelen en religieuze ceremonies. Priesters en mystici geloofden dat deze paddenstoelen spirituele effecten hebben op het menselijk brein. Daarom begonnen velen zulke paddenstoelen te aanbidden omdat ze geloofden dat ze door God geschonken krachten of spirituele krachten bevatten. Dit werd reeds uitvoeriger besproken in de geschiedenis enz. Naarmate de wetenschap zich ontwikkelde, begonnen onderzoekers en wetenschappers naar Psilocybine-paddenstoelen te zoeken om het mysterie achter hun magische eigenschappen te ontdekken. Uit onderzoek bleek dat deze paddenstoelen niet magisch waren en ze ook nog niet lang hallucinogeen waren. Ze hebben magische eigenschappen en hallucinogene bestanddelen gekregen door hun evolutie.

Er waren veel van deze mysterieuze paddenstoelen en insecten begonnen ervan te eten. Psilocybine-paddenstoelen ontwikkelden, net als andere organismen, eigenschappen om zichzelf tegen insecten te beschermen. De paddenstoelen haalden psilocybine en psilocine-verbindingen uit de omgeving. De aanpassing van hun verbindingen werd toen opgenomen in de genen van die paddenstoelen. Paddenstoelen kregen de genen van psilocybine en psilocine door horizontale genoverdracht, waardoor ze de hallucinogene eigenschappen kregen, en worden daarom magische paddenstoelen genoemd. Psilocybine-paddenstoelen ontwikkelden hun krachten toen insecten in de buurt kwamen of ze probeerden op te eten; de paddenstoelen beïnvloedden de geest van het insect en de insecten besloten dat het in hun eigen belang was om de paddenstoelen met rust te laten, en weigerden ze te consumeren. Dit gebeurt met veel organismen die evolueren om zichzelf tegen roofdieren te beschermen. We kunnen dus stellen dat paddenstoelen psilocybine-paddenstoelen werden om te overleven.

Wetenschappers bleven onderzoek doen naar de paddenstoelen en hun bestanddelen. Ze worden magische paddenstoelen genoemd omdat ze de geest beïnvloeden en magische effecten op de hersenen uitoefenen. Wetenschappers en mycologen zijn nog steeds op zoek naar verschillende soorten magische paddenstoelen. Deze kunnen een belangrijke rol spelen bij de behandeling van verschillende psychische stoornissen, zo blijkt uit het onderzoek. Omdat zulke paddenstoelen het werkvermogen van de hersenen bij insecten veranderen, kan het ook een aantal magische effecten hebben op het menselijk brein. De verbinding psilocybine is onderzocht voor gebruik bij de behandeling van psychische stoornissen. Psilocybine-paddenstoelen kunnen dus worden gebruikt als behandeling van chronische depressie en angststoornissen. Het is aangetoond dat de verbindingen psilocybine en psilocine, die in deze paddenstoelen aanwezig zijn, het vermogen hebben om negatieve gedachten uit de geest te halen, waardoor ze nuttig kunnen zijn bij de behandeling van veel psychische stoornissen.

Wat is er magisch aan deze paddenstoelen

Deze paddenstoelen zijn met succes gebruikt bij enkele mentale therapieën vanwege hun bestanddelen. De psychedelische componenten van de paddenstoelen zijn getest op patiënten met psychische stoornissen. De verkregen data toonde aan dat die patiënten positieve veranderingen in hun houding vertoonden. Het onderzoek constateerde dat patiënten die met psilocybine-paddenstoelen werden behandeld, na hun behandeling dichter bij de natuur bleken te zijn. Ze veranderden zelfs hun religieuze en politieke standpunten. Psychedelic Research Group (PRG) deed onderzoek door vrijwilligers in te huren met een depressie (die moeilijk te behandelen was). Ze kregen oraal psilocybine toegediend (gewonnen uit psilocybine-paddenstoelen), en ze kregen ook weinig begeleiding tijdens het onderzoek. Over dit onderzoek werd vervolgens een paper gepubliceerd in The Journal of Psychopharmacology. Uit het onderzoek bleek dat de patiënten meer verbonden waren met de natuur en ook hun politieke opvattingen veranderden. Dit geeft duidelijk de sterke verbinding weer tussen psilocybine-paddenstoelen en het veranderen van hersenactiviteiten en gedachten.

Deze natuurlijke substantie die de menselijke geest in korte tijd kan veranderen, wordt als vreemd beschouwd. Onderzoekers en wetenschappers onderzoeken de paddenstoelen nog steeds om de exacte verschijnselen te ontdekken waardoor deze psilocybine-paddenstoelen hallucinaties veroorzaken. De paddenstoelen hebben een lekkere smaak, maar wanneer dieren of insecten ze opeten, werken ze in op de neurotransmitters van de dieren en veranderen ze zo hun zenuwstelsel. Dit is het fenomeen dat deze paddenstoelen magisch maakt, en dat is de reden dat mystici ze gebruikten bij hun rituelen en uitvoeringen.

De biologische eigenschappen van psilocybine-paddenstoelen in het kort

De biologische eigenschappen van Psilocybine-paddenstoelen, ontdekt door onderzoekers, zijn:

- Psilocybine-paddenstoelen werden duizenden jaren geleden hallucinogene, magische paddenstoelen door horizontale genoverdracht.
- Ze zien er iets anders uit dan andere paddenstoelen, maar er is veel expertise nodig om ze te identificeren.
- De levenscyclus van psilocybine-paddenstoelen is dezelfde als die van andere paddenstoelen en het zijn saprotrofen.
- Andere dieren en planten ondervinden een positieve of negatieve invloed van de aanwezigheid van psilocybine-paddenstoelen.
- Ze groeiden vroeger in graslanden, tuinen, dierenmest en in sommige verstoorde habitats.
- De hallucinogene eigenschappen van deze paddenstoelen maken hen uniek.
- Ze vallen onder de categorie eetbare paddenstoelen, maar niet als voedsel, maar als medicijn.

- In veel landen is de teelt van psilocybine-paddenstoelen niet legaal vanwege de drugs-achtige eigenschappen.
- Psilocybe is gegroepeerd in de categorie van Drug 1, omdat het hallucinogene effecten heeft op de menselijke geest.
- Men voelt zich misselijk na het eten van hallucinogene paddenstoelen.
- Deze paddenstoelen groeien graag op donkere en vochtige plaatsen. Daarom worden er vaak oude paddenstoelen gevonden in grotten.
- Met hun sporen kunnen ze zichzelf gemakkelijk inactief maken als de omstandigheden niet geschikt zijn.

Hoofdstuk vier

Eigenschappen van Psilocybine-paddenstoelen

Magische paddenstoelen ontstonden door de invloed van de omgeving. Veranderingen in klimaat en leefomgeving zorgden voor veranderingen in het gedrag van de paddenstoelen. De belangrijkste factoren die deze paddenstoelen beïnvloeden, zijn o.a. vochtigheid, bodemgesteldheid, concurrentie om voedselbronnen, ziekten en aanwezige roofdieren. Roofdieren hebben, net als insecten, een belangrijke rol gespeeld bij het veroorzaken van veranderingen in psilocybine-paddenstoelen. De omgeving heeft ook invloed op hoe de magische paddenstoelen groeien en hoeveel chemische stoffen ze bevatten. Zoals eerder vermeld, zijn psilocybine en psilocine de belangrijkste verbindingen van magische paddenstoelen. Het is niet nodig dat alle bestanddelen in gelijke hoeveelheden aanwezig zijn in alle delen van de paddenstoelen. Verschillende onderdelen bevatten verschillende hoeveelheden van deze stoffen. Er is een verschil tussen de chemische eigenschappen van wilde en van gekweekte paddenstoelen. Wilde paddenstoelen vertonen grote variaties in de chemische stoffen die ze bevatten. Dit komt doordat wilde paddenstoelen enorme habitats hebben, en ze op veel verschillende plaatsen kunnen groeien, zelfs in grotten. Wanneer ze worden gekweekt, hebben de paddenstoelen maar een paar belangrijke chemische verbindingen omdat ze op specifieke plaatsen onder gecontroleerde omstandigheden worden gekweekt.

Chemische en fysische eigenschappen van psilocybine

Psilocybine is water dat een kristallijne verbinding bevat. Het wordt soms uit water geherkristalliseerd. De zachte, witte, kristallijne naalden die water bevatten, is de echte vorm van psilocybine. Deze verbinding smelt bij 220 tot 280 graden. Psilocybine is 20 delen water, maar als we het oplossen in methanol, is het oplosbaar in 120 delen methanol. In kokende methanol ontstaan dikke prisma's van psilocybine, die op hun beurt kristalmethanol vormen. De smelttemperatuur van dit kristal is 185 tot 195 graden. Als je de verbinding in een onoplosbare oplossing wil doen, gebruik dan chloroform en benzeen. Experimenten tonen aan dat de oplosbaarheid van psilocybine erg slecht is in ethanol.

De psilocine is eigenlijk het afbraakproduct van psilocybine. Wanneer het in methanol gekookt wordt, wordt het afbraakproduct psilocine gevormd, dat bijna onoplosbaar is in water. Het is wel oplosbaar in sommige organische oplosmiddelen. Wanneer ze op verschillende wijzen worden geïsoleerd, kunnen deze verbindingen gevisualiseerd worden door ze te combineren met enkele reagentia. Het Keller-reagens (ijzerchloride opgelost en geconcentreerd in azijnzuur en zwavelzuur) en het Van-Urk-reagens (p-dimethylbenzaldehyde) zijn twee veelgebruikte reagentia die kunnen worden gebruikt om psilocybine en psilocine zichtbaar te maken door koppeling. Psilocybine veroorzaakt een violette kleur en psilocine een blauwe, wanneer ze worden gekoppeld aan reagentia. Die reacties werden ontdekt door Hofmann en zijn team in 1958 en 1959. De chemische reacties tonen aan dat deze verbindingen ook in de natuur voorkomen, buiten psilocybine-paddenstoelen. De blauwe psilocine kan in verband gebracht worden met het blauw worden van psilocybine-paddenstoelen wanneer ze worden opgepakt. Deze verbindingen hebben een hoge waarde vanuit farmaceutisch perspectief. De bindingen gevormd door psilocybine met waterstof, in andere verbindingen zoals LSD, kunnen worden bestudeerd door middel van röntgenkristallografie. Het smelt- en kookpunt van psilocybine hangt ook af van het oplosmiddel waarin ze zijn opgelost.

Het smelt- en kookpunt van psilocybine vallen onder de categorie fysische eigenschappen, terwijl de reacties en oplosbaarheid onder de categorie chemische eigenschappen vallen. Voor verschillende doeleinden probeerden wetenschappers en onderzoekers psilocybine en psilocine in laboratoria te synthetiseren. Deze verbindingen kunnen in het laboratorium worden gesynthetiseerd en kunnen ook worden gewonnen uit psilocybine-paddenstoelen. Om deze verbindingen te synthetiseren, is een grote expertise en kennis van synthesemethoden vereist.

Fysieke en mentale effecten van psilocybine en psilocine

De fysieke en mentale effecten van psilocybine-paddenstoelen zijn interessant om te bespreken. De verbindingen in deze magische paddenstoelen, voornamelijk psilocybine en psilocine, hebben verbazingwekkende effecten, afhankelijk van de precieze inname. Als iemand een aantal magische paddenstoelen neemt en deze 10 tot 15 minuten in de mond houdt, zullen ze iets anders voelen. Ze beginnen enige psycho-activiteit te ervaren wanneer de paddenstoelen worden ingeslikt. De effecten van het innemen van een dergelijke hoeveelheid psilocybine-paddenstoelen zijn geeuwen, wat rusteloosheid en een bittere smaak in de mond.

Het innemen van om het even welke hoeveelheid psilocybine-paddenstoelen kan lichamelijke reacties veroorzaken. Enkele lichamelijke reacties op psilocybine-paddenstoelen zijn verwijding van de pupillen, een droog gevoel in de mond, stijging van de bloeddruk, hoge hartslag, hoge temperatuur, enz. Deze effecten zijn het gevolg van de remming van belangrijke neurotransmitters, serotonine. Er is een overeenkomst tussen LSD en Psilocine, aangezien ze beide op vergelijkbare mechanismen werken.

De fysieke effecten veroorzaakt door de inname van psilocybine-paddenstoelen, treden meestal niet meteen op. Het hangt af van de hoeveelheid die in de mond wordt ingenomen. De hoge dosis Psilocybine-paddenstoelen die via de mond worden ingenomen, zorgt voor effecten na 8 tot 10 minuten en de sensaties beginnen na 15 tot 30 minuten wanneer de chemicaliën in de maagwand worden opgenomen. Het duurt bijna een uur voor ze de hersenen bereiken en de hersenbarrières te overschrijden. Eenmaal ze de hersenbarrières overschrijden, beginnen ze aan hun psychoactiviteit. De eerste tekenen zijn onder andere: geeuwen, malaise, rusteloosheid. Bij sommige mensen veroorzaken de paddenstoelen ook misselijkheid. Vooral de soorten *Ps.Caerulescens* en *Ps.Aztecoru* veroorzaken ernstige misselijkheid. Sommige mensen ervaren zwakte in de benen, ongemak in de maag en een koud gevoel. Zulke sensaties houden voor een korte tijd aan. Daarna voelen de meeste mensen zich fysiek licht en gemakkelijk. Maar bij sommige mensen zijn deze sensaties van lange duur. Er zijn onderzoeken gedaan naar de inname van psilocine en psilocybine bij dieren: hoge doses ervan werden oraal toegediend. Orale inname resulteert in de verpreiding van deze verbindingen over het hele lichaam. De nieren ontvangen daarbij hogere concentraties dan andere lichaamsdelen.

Hoofdstuk vijf

Medicinale eigenschappen van Psilocybine-paddenstoelen

Psilocybine is een chemische stof die gewonnen wordt uit 100 paddenstoelensoorten die behoren tot het koninkrijk van de schimmels. Die paddenstoelen worden zowel gecultiveerd als dat ze natuurlijk groeien. Psilocybine is een klassiek hallucinogeen dat in 1958 werd geproduceerd en dat werd gebruikt in spirituele mystieke sessies om in speciale verbinding met de geest te komen. Het heeft medicinale effecten die worden gebruikt om alcoholisme, angststoornissen, obsessies te behandelen en schizofrenie te leren begrijpen. In de jaren 60 werd het aanzien als een potentieel psychiatrisch wondermiddel. Voor 1970 werd het gebruikt als een ritueel om depressie te verminderen. De Controlled Substance Act stopte in 1970 het gebruik van psilocybine in klinische onderzoeken met hallucinogenen en psychedelica. Onderzoek naar het middel werd grotendeels voltooid in de jaren vijftig en zestig, maar het werd niet serieus genomen vanwege het kleinschalige karakter van de onderzoeken, gebrek aan professionaliteit en niet voldoen aan de huidige onderzoeksnormen. Als het onderzoek hiernaar niet was gestopt, zouden we misschien wonderen kunnen krijgen in de medische wereld. We kunnen nieuwe manieren bedenken om psychische aandoeningen en andere levensbedreigende ziekten te behandelen. Het kan leiden tot de ontdekking van neurotransmitters en kan nervositeit, slapeloosheid en angst verminderen. Het is wellicht de uitgerekende chemische stof om als antidepressivum te gebruiken, wat kan helpen bij het oplossen van de mentale crisis. De adviescommissie van The National Institute on Drug Abuse, Food and Drug Administration stond de hervatting van het onderzoek naar psychedelica in 1992 toe. Dit veranderde de perceptie van drugs.

Biologische effecten

Psilocybine-paddenstoelen staan, zoals hun naam al aangeeft, bekend om de aanwezigheid van de alkaloïde verbinding psilocybine. Psilocybine heeft zeer sterke **hallucinogene effecten,** dus als deze paddenstoelen worden ingenomen, hebben ze een sterke invloed op het metabolisme van je lichaam. Zodra psilocybine het lichaam binnendringt, wordt het omgezet in een andere verbinding, psilocine genaamd, die veranderingen in het zenuwstelsel veroorzaken die hallucinaties opwekken. (Een hallucinatie is een waanvoorstelling waarbij iemand levendige dingen ziet of hoort zonder externe prikkels). Psilocine is de primaire psychoactieve stof die in psychedelische paddenstoelen aanwezig is. Het (psilocybine) produceert dezelfde effecten als andere medicijnen zoals **mescaline** en **LSD** (lyserginezuur diethylamide). Meestal is dit niet levensbedreigend, maar vanwege de sterke hallucinogene eigenschappen kan het zeer onaangename effecten hebben, zoals ook geldt voor andere hallucinogene stoffen. Er zijn echter enkele risico's die specifiek zijn voor paddenstoelen. De biologische effecten van magische paddenstoelen zijn fysiek zichtbaar net na de inname, maar de paddenstoelen veroorzaken ook veranderingen op cel- of weefselniveau, en deze interne effecten zijn misschien niet meteen voelbaar, maar verschijnen naarmate de tijd verstrijkt.

Fysieke effecten

De fysieke effecten van psychedelische paddenstoelen zijn

- Duizeligheid
- Verhoogde hartslag
- Hoge lichaamstemperatuur
- Hoofdpijn
- Zwakte in spieren en lichaam
- Verhoogde bloeddruk
- Slaperigheid

Mentale effecten

- Euforie
- Auditieve of visuele hallucinaties
- Neuropsychiatrische instabiliteit
- Vervorming van zintuiglijke waarnemingen

- Paranoia
- Psychose
- Paniekreacties

Algemene biologische effecten:

Sommige biologische effecten zijn symptomen die na inname van psychedelische paddenstoelen onmiddellijk of langzaam optreden:

- Psilocybine valt de hersendelen aan die worden geassocieerd met emoties zoals angst, woede, angst, enz. en stress en **angst** ontwikkelen.
- Ook paniekaanvallen worden waargenomen na inname van psilocybine.
- De persoon voelt zich afstandelijk, omringd door negatieve gevoelens, heeft een **verminderd beoordelingsvermogen** enz.
- Als men per ongeluk een verkeerde paddenstoel inneemt, kan dit ernstige vergiftiging en zelfs de dood tot gevolg hebben.
- **HPPD** (Hallucinogen Persistent Perpetual Disorder) kan ook optreden, waarbij flashbacks of herhaling van de effecten veroorzaakt door psilocybine lang na de inname optreden. Zo'n toestand kan erg onaangenaam en beangstigend zijn.

The National Institute on Drug Abuse illustreert alle eigenschappen en biologische effecten van alle soorten hallucinogene chemicaliën en drugs, inclusief de psilocybine-paddenstoelen die ook worden misbruikt voor hallucinogene en euforische effecten. Volgens dit instituut wekken de psilocybine-paddenstoelen hallucinaties op door de **zenuwbanen** te gaan en in te werken op de frontale lob van de voorhersenschors (die in hoofdzaak verantwoordelijk is voor de acties en reacties die te maken hebben met zien, horen en ruiken).

De verbinding psilocine vervult zijn functie door in te werken op de sensorische delen van de hersenen met behulp van de neurotransmitter serotonine. De werking van psilocybine op het zenuwstelsel is niet tijdelijk; het veroorzaakt net veel langdurige veranderingen in zowel de lichamelijke als de geestelijke gezondheid. Deze veranderingen kunnen positief of negatief zijn, afhankelijk van de gebruikswijze, de sterkte en de activiteit van de psilocybine, de hoeveelheid psilocybine en de frequentie van de inname.

Hallucinogene effecten van psychedelische paddenstoelen:

Een hallucinatie is een waanvoorstelling die auditief of visueel kan zijn, waarbij degene die aan hallucinaties lijdt dingen ziet of hoort die in werkelijkheid niet bestaan. Hallucinaties worden getriggerd door verschillende zenuwaandoeningen zoals de ziekte van Parkinson, schizofrenie, hersentumors, en ernstige nier- en leverziektes. Het komt ook voor bij gebruik van verslavende drugs zoals marijuana, heroïne, alcohol, cocaïne en nicotine. Psilocybine is verantwoordelijk voor de invloed op het zenuwstelsel en veroorzaakt slaperigheid en hallucinaties, net zoals LSD en mescaline, maar het heeft minder hallucinogene eigenschappen dan deze sterke hallucinogene drugs.

Wanneer psilocybine van de magische paddenstoelen in iemands bloedbaan terecht komt, vindt er een metabolisme plaats dat het omzet in een andere stof, psilocine. Psilocine gaat rechtstreeks naar het zenuwstelsel via de bloedsomloop en begint zijn job als psychoactieve stof. Het zorgt ervoor dat de gebruiker gaat lijden aan alle aandoeningen die verslavende drugs veroorzaken, zoals:

- Bad trips
- Duizeligheid
- Bewusteloosheid
- Hoofdpijn met vertraging
- Misselijkheid
- Slaperigheid
- Diarree
- Slapheid en spierpijn
- Paniek
- Angst of woede
- Psychose

Excessieve inname van psilocybine resulteert in deze aandoeningen. De specifieke situatie van een psilocybine-gebruiker en de verschenen symptomen hangen af van de ingenomen dosis psilocybine. Soms heeft een kleine dosis weinig negatieve effecten, die minder lang aanhouden en dus minder kans maken om iemands lichamelijke gezondheid in gevaarlijke mate aan te tasten.

Als psilocybine echter regelmatig geconsumeerd wordt of in grote dosissen ingenomen wordt, kunnen de gevolgen lethaal zijn voor de gezondheid. Grotere hoeveelheden psilocybine kunnen ernstige neurologische en psychiatrische stoornissen veroorzaken zoals:

- De patiënt kan in een langdurige coma belanden
- Intense angst en stress
- Paranoia
- Hallucinaties en beperkte hersenfunctie
- Beroertes
- Depressie
- Overgeven en andere spijsverteringsproblemen

Psychedelica veroorzaken een aantal langetermijneffecten op het hele lichaam van de gebruiker. Magische paddenstoelen waren verboden en illegaal om te kweken omwille van deze hallucinogene en verslavende eigenschappen, aangezien men ze kan misbruiken. Men kan er afhankelijk van worden en gaan lijden aan ernstige paniekstoornissen, gewenning, en negatieve emotionele veranderingen.

Medisch gebruik

Naast deze negatieve invloed op de menselijke gezondheid, kunnen psilocybine-paddenstoelen ook een positieve rol spelen in medische behandelingen vanwege hun magische eigenschappen. De medische behandeling van ziektes door middel van psilocybine gewonnen uit psychedelische of psilocybine-paddenstoelen is populair aan het worden en staat bekend als "Psilocybine-therapie". Pslocybine, het belangrijkste werkzame onderdeel van magische paddenstoelen, speelt een grote rol bij het behandelen van vele ziektes; daarom is het een relevant discussieonderwerp in de medische wereld. Toen het onderzoek naar magische paddenstoelen begon, werd het in eerste instantie gebruikt om angststoornissen te behandelen. Psilocybine-paddenstoelen zijn nuttig bij het behandelen van patiënten die stressvolle situaties doormaken doordat ze aan een chronische ziekte lijden, zoals:

- Kanker in om het even welk deel van het lichaam
- Letsels door een ongeluk
- Sommige ernstige virale of bacteriële infecties
- Fysiologische or fysieke aandoeningen
- Acute pijn na een operatie
- Irritaties of paniekaanvallen tijdens of na behandelingen waarbij veel injecties ingezet worden of hechtingen, krachtige medicijnen, enz.

In zulke gevallen blijkt psilocybine erg nuttig om stress en pijn te verlichten. De dosis psilocybine die aan een patiënt wordt gegeven, is erg belangrijk om de gewenste resultaten bij de behandeling te krijgen. Het wordt meestal toegediend in de vorm van een orale capsule die 200 mcg (gegeven per kg gewicht van de patiënt) actieve psilocybine of 250 mg niacine bevat. Niacine wordt door wetenschappers gebruikt als controlegroep, omdat het warme opvliegers in het lichaam veroorzaakt; dit is een veelvoorkomende bijwerking van psilocybine, zonder een verandering in de hersenen of psychologische toestand te veroorzaken. Hiermee zijn een aantal experimenten uitgevoerd: psilocybine werd met regelmatige tussenpozen (meestal 2 weken) aan de patiënten gegeven om zijn geneeskracht te bewijzen en men ontdekte dat het opmerkelijk effectief was bij het verminderen van angst. Verschillende **onderzoeksinstituten** bevestigen die therapeutische functie van psilocybine, zoals National Institute on Drug Abuse, Emma Sofia in Noorwegen, Multidisciplinary Association for Psychedelic Studies (MAPS) in Californië, The Kings College London en het Heffter Research Institute in Amerika.

Psilocybine werkt in op de bloedstroom in de zenuwweefsels van het lichaam. Er is een experiment uitgevoerd dat de rol van psilocybine bij het verminderen van stress en angst zichtbaar maakte door de **MRI-rapporten over de cerebrale doorbloeding** voor en na een normale dosis psilocybine te vergelijken. Daaruit bleek dat psilocybine de bloedcirculatie verlaagt in de sensorische delen van de hersenen, die verantwoordelijk zijn voor het veroorzaken van stress en angst.

De resultaten van psilocybine-therapie zijn het meest uitgesproken na een week.

Psilocybine-therapie wordt uitgevoerd in een enkele sessie of in de vorm van een reeks sessies met regelmatige tussenpozen, afhankelijk van de ernst van het medische probleem en de concrete aandoeningen van de patiënt. In de meeste gevallen is één sessie psilocybine-therapie echter effectief genoeg om de patiënt op lange termijn te genezen.

Veiligheid

Psilocybine heeft vergelijkbare effecten als lyserginezuurdiethylamide (LSD) en mescaline, maar psilocybine is niet verslavend van aard: patiënten kunnen gemakkelijk stoppen met het gebruik ervan. Onderzoeken bij een groep mensen toonden aan dat patiënten niet gingen lijden aan drugsmisbruik, aanhoudende perceptiestoornissen, langdurige psychose of andere langdurige tekorten in het functioneren. Het nadelige effect van psilocybine werd weinig vastgesteld en was meestal gerelateerd aan hoge doseringen. Experimentele groepen werden gedurende 8 maanden na toediening van het medicijn (psilocybine) geobserveerd en er werden geen ernstige bijwerkingen waargenomen. Mensen uit de met psilocybine toegediende groep waren kalm en vredig tijdens het hele experiment. Er waren bezorgdheden over het feit dat het gebruik van psychedelica mentale achterstelling en zelfmoordpogingen zouden kunnen uitlokken bij gebruikers. Een onderzoek naar die effecten, ondersteunt de bovenstaande bewering niet. Er werd geen significant verband gevonden tussen het gebruik van psilocybine en mentale achteruitgang of suïcidale gedachten, zelfmoordpogingen of zelfmoordplannen. Het is de veiligste drug die er is. In 2018 had bijvoorbeeld slechts 0,3% van gebruikers medische spoedbehandeling nodig.

Depressieve stemmingswisselingen tegengaan

Studies hebben aangetoond dat het gebruik van psilocybine angst, zelfmoordgedachten en depressie kan verminderen. Dit onderzoek is uitgevoerd met gegevens uit de nationale enquête naar drugsgebruik en gezondheid. Ze verdeelden de deelnemers in vier groepen die psilocybine gebruikten; één ervan gebruikte psychedelica met psilocybine, terwijl de andere alleen psychedelica zonder psilocybine gebruikte, en één groep nog nooit één van beide gebruikt had. De resultaten gingen in tegen alle verwachtingen en mythes over psilocybine. Ze waren behoorlijk vooruitstrevend en positief over het gebruik van psilocybine. De groep die psilocybine gebruikte, rapporteerde minder droefheid en teleurstelling dan de andere groepen. Ze leken veel beter dan alle anderen. Ze vertoonden een betere stemming en verminderde stressniveaus. MRI-beeldvorming onthult een verminderde bloedstroom in amygdala, een klein amandelvormig deel van de hersenen waarvan bekend is dat het de emotionele reacties, de slaap-waakcyclus en het denkproces bij mensen in evenwicht brengt. Mensen begonnen er kleine doses van te nemen; ze geloven dat het hun inzicht en begrip voor anderen kan verbeteren, en het vermogen tot zelftranscendentie kan verbeteren, wat nodig is om zelfbedrog te overwinnen. Het zou de gebruiker oplettender kunnen maken en in staat stellen om op problemen te focussen. Uit de resultaten concluderen wetenschappers dat psilocybine een rol kan spelen bij het verminderen van angstgevoelens of stemmingswisselingen, en gemoedsrust kan brengen in iemands gedrag. Sommige behandelingen voor geestelijke gezondheid stellen psilocybinegebruik voor. In bepaalde gevallen kan extreem gebruik van deze chemische stof braken, misselijkheid en hallucinaties veroorzaken, maar dit gebeurt eerder zelden, wanneer men psilocybine misbruikt.

Stoppen met roken

Psilocybine heeft een sterke affiniteit met verschillende serotoninereceptoren zoals $5\text{-}HT_{1A}$, $5\text{-}HT_{2A}$, en $5\text{-}HT_{2C}$, die zich in verscheidene hersengebieden bevinden, waaronder de hersenschors en thalamus. Studies hebben aangetoond dat het gebruik van de $5\text{-}HT_{2A}$o-receptor-agonist nuttig is bij de behandeling van verslaving. Onderzoek werd uitgevoerd op 15 participanten, die deelnamen aan een cursus om te stoppen met roken, waarbij psilocybine toegediend werd tijdens week 5,7 en 13 van hun therapieperiode. Alle andere medicatie werd stopgezet voor die patiënten. Ze rookten 10 sigaretten per dag. Gedurende een periode van 4 weken kregen de patiënten cognitieve gedragstherapie tijdens het roken. Uit het onderzoek kwamen positieve effecten van rookverbod op patiënten naar voren. De groep mensen die psilocybine gebruikte, stopte met roken in de zesde week van de studie. Dit toont aan dat psilocybine een magisch effect heeft bij het loslaten van elke vorm van verslaving. Het is een sensationeel medicijn om te stoppen met roken.

Psychologische effecten

Het heeft een kalmerend effect en een pathogeen effect vergelijkbaar met dat van MDMA, een nuttige verbinding voor het reduceren van stress en verbeteren van de perceptie over problemen en mensen. Psilocybine wordt omgezet in psilocine, dat zich bindt aan de serotoninereceptor 2A, en deskundigen denken dat dit de oorzaak is van wat zij neuronale lawines noemen. Het kan verschillende veranderingen in de hersenen veroorzaken. Men krijgt verhoogde activiteit in de cortex, wat leidt tot een verandering in perceptie. Er is ook verminderde netwerkactiviteit in het standaardmodusnetwerk, wat leidt tot verlies van ego en daarom rapporteren mensen een diepgaand gevoel van eenheid dat zichzelf overstijgt. Psilocybine verhoogt de verbondenheid tussen verschillende delen van de hersenen. Door deze receptoractivering synchroniseren verschillende hersengebieden met elkaar als een orkest. Zodra psilocybine binnenkomt, brengt alle delen van de hersenen met elkaar in communicatie, ook de delen die normaal gesproken afgescheiden zijn en hun eigen werk doen. Wetenschappers geloven dat de combinatie van deze effecten psilocybine nuttig maakt bij het bestrijden van verslaving en depressie. Wanneer nieuwe gebieden in de hersenen met elkaar beginnen te communiceren, kan dit diepgaande gevolgen hebben. Genezing kan verbeteringen veroorzaken in het denkproces en bij het maken van kritische analyses van problemen. Ondanks zulke voordelen is psilocybine nog steeds een Schedule I-medicijn, een categorie gereserveerd voor stoffen die geen geaccepteerd medisch gebruik kennen.

Obsessief-compulsieve stoornis

Een studie heeft de mogelijke voordelen van psilocybine bij obsessief-compulsieve stoornissen onderzocht. Dit is een psychische stoornis die mensen van alle soorten en leeftijden treft; de patiënt raakt verstrikt in een cyclus van obsessies en dwanghandelingen. Dit kan de prefrontale cortex aantasten. Bij een patiënt met OCS werd ontdekt dat de prefrontale cortex wordt verlicht na enkele weken psilocybinegebruik. Het is veiliger dan alcohol, tabak, cannabis en niet verslavend. Studies hebben aangetoond dat psilocybine een positief effect op deze aandoening kan hebben. Mensen die aan deze aandoening leden, raken van de ziekte af tijdens het gebruik van psilocybine. Onderzoek werd uitgevoerd bij 9 patiënten met OCS, om de impact van psilocybine-paddenstoelen te onderzoeken. Hun hypothese was dat de orale toediening van psilocybine de effecten van OCS zou verminderen. Vóór het experiment probeerden die patiënten de behandeling voor de ziekte.

Patiënten kregen gedurende ten minste één week vier verschillende doses. Bij 88,9% van de populatie werd een vermindering van symptomen vastgesteld.

Alcoholverslaving

Psilocybine is een wondermiddel voor de behandeling van mentale problemen. Zijn hoge affiniteit met 2A receptoren in het brein kan allerlei verslavingen verminderen. Het kan nuttig zijn voor mensen die worstelen met alcoholverslaving, wat ook aangetoond is door cognitief onderzoek. Het zijn natuurlijke hallucinogenen die qua structuur vergelijkbaar zijn met serotonine en DMT. Psilocine is een actieve biologische vorm van psilocybine. Psilocybine kent een lange geschiedenis als therapie voor alcoholverslaving. In een hedendaagse studie naar dit onderwerp, rapporteerden mensen een zeer positief effect van psilocybine op de behandeling van alcoholisme. Ze rapporteerden mystieke transformerende ervaringen.

Angststoornissen

In hedendaagse samenleving, hebben we doorlopend oplossingen nodig voor onze diepgewortelde problemen. Van farmaceutische medicatie tot antidepressiva tot antipsychotica, we zijn op zoek naar een snelle oplossing om ons lijden te verzachten. De resultaten van deze geneesmiddelen zijn vaak snel, maar kunnen soms ook andere gevolgen met zich meebrengen. Ze kunnen leiden tot langdurige conflicten met bestaande problemen. Wat als ik je een alternatief zou moeten voorstellen? Dan zeg ik: de magische paddenstoelen uit je achtertuin. Deze paddenstoelen worden al duizenden jaren gebruikt in verscheidene sectoren.

Angststoornissen veroorzaken een gevoel van stress en spanning. Verschillende factoren kunnen de angst bij een persoon vergroten, zoals het gevoel dat je er niet in slaagt om succes in het leven te krijgen. Sommige patiënten met chronische en levensbedreigende ziekten, zoals kanker, lijden ook aan angstgevoelens. Studies toonden aan dat de angst bij kankerpatiënten verminderde wanneer ze psilocybine toegediend kregen met opeenvolgende controledoseringen. Psilocybine kan worden gebruikt als medicijn voor de behandeling van angststoornissen. Magische paddenstoelen genezen neurologische aandoeningen zoals PTSD, depressie, OCS en migraine. Magische paddenstoelen kunnen de activiteit resetten van het hersencircuit dat een rol speelt bij depressie. Magische paddenstoelen kunnen een goed gevoel opleveren. Ze hebben genezende krachten en worden al duizenden jaren gebruikt om eenheid en verlichting te brengen.

Kankertherapie

Psilocybine wordt al eeuwen bij rituelen gebruikt. Modern onderzoek onthulde het medicinale effect van psilocybine bij de behandeling van kanker. Kanker is een levensbedreigende ziekte. Patiënten verliezen hun hoop op leven; ze raken in een kritieke toestand, geobsedeerd door duistere gedachten. Deze negatieve houding kan een nadelig effect hebben op het immuunsysteem van de patiënt, dat al gecompromitteerd is. In sommige gevallen bezwijkt de patiënt onder de stress die de ziekte veroorzaakt. Hier kan psilocybine hen redden van depressie en angst. Het kan het leven van een worstelende patiënt redden. Het effect op de serotoninereceptoren vermindert depressie.

Johns Hopkins rapporteert dat toekomstige studies het gebruik van psilocybine zal onderzoeken als een nieuwe therapie voor opioïde verslaving, de ziekte van Alzheimer, posttraumatische stressstoornis (PTSD), post-behandeling van de ziekte van Lyme, anorexia nervosa en alcoholgebruik bij mensen met een ernstige depressie. Hierbij ligt de focus op precisiegeneeskunde op maat van de individuele patiënt.

Maar zelfs als het door de FDA werd goedgekeurd, zou psilocybine door de DEA moeten worden geherclassificeerd als Schedule II-stof om beschikbaar te kunnen worden voor patiënten.

Hoe Psilocybine and Psilocybine-paddenstoelen verkocht worden

Psilocybine-paddenstoelen worden door veel mensen gebruikt, ondanks het feit dat ze verboden en illegaal zijn. Mensen die de voordelen van psilocybine-paddenstoelen kennen, gaan toch op zoek naar een dosis. Ze kunnen worden gebruikt in medicijnen tegen angst en depressie, die de aandoeningen helpen verminderen. Ze worden ook gebruikt voor de behandeling van allerlei psychische stoornissen. Sommige onderzoekers kweken deze paddenstoelen op kleine schaal om aan hun onderzoeksvereisten te voldoen, terwijl anderen ze op grote schaal kweken voor andere doeleinden. Grootschalige productie van psilocybine-paddenstoelen is in sommige regio's toegestaan.

Alle geschillen over psilocybine-paddenstoelen zijn te wijten aan hun hallucinogene eigenschappen vanwege de aanwezigheid van psilocybine. De verbindingen psilocybine en psilocine worden beschouwd als hallucinogene en magische verbindingen vanwege hun unieke eigenschappen. Tijdens een conferentie in Wenen in 1971 zijn psilocybine-paddenstoelen verwijderd uit de Schedule A-categorie van drugs. Deze paddenstoelen hebben drugsachtige eigenschappen aangezien ze hallucinogene effecten opwekken in de menselijke geest en het lichaam. In veel regio's worden ze in gedroogde vorm of in poedervorm verkocht. De poedervorm van deze paddenstoelen lijkt op een drug.

Sommige professionals extraheren ook psilocybine uit paddenstoelen en verkopen die verbinding in gekristalliseerde of in poedervorm. Dergelijk kopen en verkopen gebeurt op de zwarte markt, aangezien het verkopen en kopen van deze stof volledig illegaal is: het is namelijk een echte drug. Het gebruik van natuurlijke Psilocybine-paddenstoelen, in lage of hoge doses, kan niet volledig worden beperkt. Dit is omdat je de groei van natuurlijk gekweekte psilocybine-paddenstoelen niet kan stopzetten. De natuur staat niet toe dat mensen verslaafd raken aan drugs, dus er is een legale uitleg achter het gebruik van psilocybine-paddenstoelen. De verschillende vormen waarin deze psilocybine-paddenstoelen worden verkocht, zijn:

- In de vorm van capsules

- In de vorm van micropillen

- In de vorm van poeder

- In de vorm van vaste gedroogde paddenstoelen

- In de vorm van geëxtraheerd psilocybine

De paddenstoelen worden voornamelijk in bovenstaande vormen op de zwarte markt verkocht. Verse paddenstoelen kunnen gemakkelijk worden geplukt, maar de meeste mensen kunnen psilocybine-paddenstoelen niet onderscheiden van dodelijke paddenstoelen.

Het gebruik van psilocybine-paddenstoelen moet veilig zijn; daarom moet men voorzichtig zijn bij het gebruik van deze paddenstoelen. Iemand die psilocybine-paddenstoelen of capsules gebruikt, moet nooit alleen zijn, zodat er steeds iemand is om te helpen wanneer de gebruiker zou vallen. Kleine hoeveelheden psilocybine-paddenstoelen kunnen je helpen om van negatieve gedachten af te komen en angst langzaam te verminderen.

HOOFDSTUK ZES

Enkele populaire Psilocybine-paddenstoelen van over de hele wereld

Veel regio's in de wereld zijn rijk aan Psilocybine-paddenstoelen. Zulke paddenstoelen groeien vanzelf, dus kan niemand hun natuurlijke groei verbieden. Landen die het kweken van Psilocybine-paddenstoelen verboden hebben om diverse redenen, kunnen de natuurlijke groei van deze planten in moerassen, tuinen e.d. niet verbieden. Mycologen, paddenstoelenliefhebbers, onderzoekers en mystici gaan er dus daar op zoek om ze te identificeren en te patenteren. Ieder jaar wordt er wel een nieuwe soort Psilocybine-paddenstoel ontdekt, die dan de naam van zijn ontdekker krijgt. Laten we enkele populaire Psilocybine-paddenstoelen en hun geslachten bespreken.

Het genus Panaeolus

Het genus Panaeolus valt onder de Psilocybine-paddenstoelen. Enkele populaire soorten van dit geslacht zijn:

Panaeolus Africanus

De *Panaeolus Africanus* maakt deel uit van het genus Panaeolus en heeft een conische hoed met een convexe, hemisferische vorm. Zijn oppervlak is glad, maar kan barsten of schubben hebben boven de hoed, die verschuiven wanneer deze paddenstoelen blootgesteld worden aan zonlicht. Ze zijn kleverig als ze nat zijn, voornamelijk wanneer ze jong zijn. De kleur van de deze Psilocybine-paddenstoelen is meestal grijsachtig of roomwit, maar soms hebben ze een bruinrode kleur die grijsachtig wordt als ze verouderen. Zoals alle Psilocybine-paddenstoelen hebben deze paddenstoelen plaatjes die aan de binnenkant van de hoed bevestigd zijn, ver uiteen maar onregelmatig geschikt. Eerst zien ze er grijsachtig uit, maar ze worden na verloop van tijd zwart, voornamelijk wanneer ze sporen produceren. De steel van deze Psilocybine-paddenstoelen is 30-50 mm op 4-6 mm dik, stevig, steekt uit naar de top toe. De steel is meestal wit tot rozeachtig van kleur; de steel is bleker dan de hoed.

Deze paddenstoelen worden voornamelijk gevonden in centraal Afrika en sommige delen van Soedan. Tijdens het regenseizoen worden de paddenstoelen in deze gebieden zelfs op olifantenmest gevonden. Zoals eerder besproken bevatten deze paddenstoelen ook Psilocybine and Psilocine; daarom zijn het Psilocybine-paddenstoelen.

Panaeolus Castaneifolius

Panaeolus castaneifolius, lokaal ook wel bekend als Murrill, is een Psilocybine-paddenstoel die voorkomt in Noord- en Zuid-Amerikaanse landen. Ze hebben een bolvormige hoed die convex wordt met de leeftijd: op jonge leeftijd hebben ze gebogen randen, die na verloop van tijd recht worden. De kleur van deze paddenstoelensoort is rookgrijs als ze licht vochtig zijn, en als ze beginnen te drogen wordt de kleur strogeel of bleek. Ze zijn aan de randen roodbruin. Het zijn ook paddenstoelen met plaatjes, die aan de binnenkant vastgemaakt zijn en een beetje gerimpeld zijn. De plaatjes worden paarsachtig, grijszwart wanneer de sporen beginnen te rijpen. De steel van deze paddenstoelen is lang en smal aan de basis. Hij is grijs van kleur, hol en buisvormig. Deze paddenstoelen zijn herkenbaar aan hun donkere, paarsachtige, grijszwarte plaatjes, die grijszwart zijn doordat de sporen rijpen.

Zoals eerder vermeld, worden ze op grote schaal verspreid. De Zuid- en Noord-Amerikaanse regio zijn rijk aan deze soort Psilocybine-paddenstoelen, stelden onderzoekers vast. Ze groeien in het bijzonder op donkere plaatsen.

Panaeolus Papilionaceous

De hoed van deze *Panaeolus papilionaceus* is kegelvormig en wordt klokvormig na verloop van tijd. De randen van de hoed hebben een tandachtige structuur en een witte kleur. Bij jonge vruchtlichamen is het hoedoppervlak glad, maar horizontaal gerimpeld met lichtgekleurd vruchtvlees. Aan de onderkant van de plaatjes is het vruchtvlees dik. De plaatjes hangen ook vast aan de hoed, die vrij breed is en grijsachtig van kleur. De grijszwarte kleur van de plaatjes komt meestal door een onevenwichtige rijping van sporen. De steel van deze paddenstoelen is ongeveer 60 tot 140 mm lang en 1,5 tot 3,5 mm dik. Hij is gelijkmatig verdeeld, buisvormig, vezelig en steekt ietwat uit naar de top toe. De mix van bruinachtige en grijsachtige kleur onderscheidt deze paddenstoelen van andere soorten.

De witte, tandachtige structuren van de paddenstoelen zien eruit als een sluier. Deze paddenstoelen groeien meestal in mest en in de herfst of de lente. Ze zijn inheems in Noord-Amerika en andere gematigde streken. Onderzoekers constateerden dat de paddenstoelen er tijdens het herfstseizoen veel voorkomen. Deze paddenstoelen lijken op sommige andere paddenstoelen zoals *Panaoelus retirugis* etc. vanwege de witte, tandachtige structuren. Volgens onderzoekers kan deze soort geïdentificeerd worden door de aanwezigheid van een gerimpelde hoed.

Panaelus Semiovatus

Panaelus semiovatus is een psilocybine-paddenstoelensoort met een kegelvormige hoed die verbreedt nabij de top. De jonge vruchtlichamen zijn roze van kleur, maar worden na verloop van tijd witachtig. Het gladde en gerimpelde oppervlak van de dop is te wijten aan de omgeving waarin ze groeien. Aan de onderkant van de hoed zitten witachtige plaatjes, die bruinachtig en vervolgens zwartachtig van kleur worden wanneer de sporen beginnen te rijpen. Ze komen vooral voor in Zuid-Amerika en gematigde streken van Europa. Volgens sommige onderzoeken is deze soort psilocybine-paddenstoelen al jarenlang non-actief. Hij groeit vooral op mest. Onderzoekers die naar deze soort op zoek zijn, zoeken dus meestal in mest. Hij wordt geïdentificeerd op basis van zijn kleverige hoed, die groot is van omvang in vergelijking met andere soorten.

De andere populaire soorten Psilocybine-paddenstoelen die onder het geslacht Panaeolus worden ingedeeld, zijn:

- Panaeolus antillarum

- Panaeolus cambodginiensis

- Panaeolus castaneifolius

- Panaeolus cyanescens

- Panaeolus fimicola

- Panaeolus foenisecii

- Panaeolus papilionaceus

- Panaeolus subbalteatus

- Panaeolus tropicalis

The Genus Psilocybe

Psilocybe is de meest populaire soort psilocybine-paddenstoelen. Ze worden ook meestal "Psilocybes" genoemd. Net als andere paddenstoelen zijn ze saprotroof en halen ze hun voedsel van andere organismen, groeien ze meestal op vochtige plaatsen, en hun leefgebied is rottend houtafval, mest, graslanden, mossen enz. Alle psilocyben bevatten de psilocine- en psilocybine-verbindingen die de psilocybine-paddenstoelen onderscheiden van andere families van paddenstoelen. Ze zijn te herkennen aan hun bruinachtige plaatjes met witte randen. Sterke expertise is noodzakelijk om de Psilocybine-paddenstoelen te identificeren. Enkele populaire soorten die onder de categorie Psilocybes vallen zijn:

Psilocybe Aeruginosa

De hoed van deze Psilocybe Aeroginosa is convex tot klokvormig. Na verloop van tijd begint die hoed convex uit te zetten. Hij heeft de vorm van een lage, brede uitstulping. In het begin is hij meestal blauwachtig groen, maar de kleur vervaagt na een tijd. Het oppervlak van de hoed is meestal kleverig door de vochtigheid. De randen zijn bedekt met sluierachtige vlekjes. De plaatjes van deze paddenstoelen zijn bruin, meestal kleibruin, soms met paarse en witte randen. De stengel is dik maar gezwollen aan de basis. Het oppervlak van de stengel is bedekt met witte vlekken. Deze paddenstoelen komen vooral voor in regio's als de Britse eilanden, Noord-Europa en West-Noord-Amerika. De perfecte habitats voor deze paddenstoelen zijn houtresten, tuinen, parken, grasvelden aan de randen van bossen, enz. In de Pacific Northwest groeit de *Psilocybe aeruginosa* onder de coniferen, in Zuid-Californië onder de eikenbomen. Historisch worden deze paddenstoelen als giftig aanzien vanwege de hoeveel psilocybine.

Psilocybe atrobrunnea

Psilocybe atrobrunnea is een paddenstoelensoort van het geslacht Psilocybe die een kegelvormige, maar stomp kegelvormige hoed heeft. Ze hebben een scherpe uitstulping boven de hoed en worden boller naarmate ze ouder worden. De hoeden van deze paddenstoelen zijn meestal roodbruin of zwartachtig roodbruin. Als ze drogen, krijgen ze een bleke roodbruine kleur. De hoed heeft een glad oppervlak, maar is kleverig als hij vochtig is. Deze paddenstoelen hebben ook witte sluierachtige structuren. De plaatjes van deze paddenstoelen zijn donker paarsachtig bruin en hebben witachtige randen. Ze hebben een dikke steel met een gezwollen onderkant en zijn gelijkmatig verdeeld. De sporen van deze paddenstoelen zijn violetachtig, donkerbruin van kleur en worden na verloop van tijd zwart.

Deze paddenstoelen worden meestal aangetroffen in de buurt van veenmoerassen, of onder naaldbomen of in bossen. Hun vruchtvorming begint meestal in september en oktober. Deze soort Psilocybine-paddenstoelen komt voor in Michigan, de bovenste regio's van New York in de Verenigde Staten. Ze zijn ook gesignaleerd British Columbia en Midden- tot Noord-Europa (inclusief Groot-Brittannië, Tsjechië, Slowakije, Finland, Frankrijk, Duitsland, Zweden en Polen). Dit laat zien dat deze paddenstoelen wijdverspreid zijn. Deze soort heeft ook gelijkenissen met met enkele andere Psilocybe-soorten.

Psilocybe Aucklandii

De hoed van *Psilocybe aucklandii* is kegelvormig als ze onvolwassen zijn en wordt vlakker wanneer ze volwassen worden. De randen van deze soort zijn gestreept en splijten naarmate de tijd verstrijkt. Deze soort heeft geen sluierachtige structuren. De hoed is donkerbruin, maar als hij opdroogt, wordt de kleur bleekgeel of strobruin. Eerder is besproken dat de meeste Psilocybine-paddenstoelen blauwe vlekken krijgen wanneer ze gekneusd worden, wat ook geldt voor Psilocybe aucklandii. Ze krijgen vlekken met een blauwe kleur. De plaatjes van deze paddenstoelen zijn vastgehecht aan de binnenkant van de hoed; ze zijn grijsgeel van kleur en worden donkerder naarmate ze ouder worden. De dikke steel van deze paddenstoelen is bedekt met zijdezachte witte fibrillen, heeft bruinachtig vlees en blauwachtige kneuzingen. De sporen zijn paars van kleur en worden op verschillende manieren verspreid.

Psilocybe aucklandii verspreidt zich op natuurlijke wijze en groeit graag op de grond die rijk is aan houtafval.

De naam Aucklandii komt van de stad Auckland in Nieuw-Zeeland. Ze komen alleen voor omstreeks Nieuw-Zeeland, in de buurt van dennen en bossen. Tijdens het transport van bossen, bomen enz. is de kans groot dat deze soorten overgebracht worden naar andere gematigde streken van de wereld.

Psilocybe Mexicana

Dit is een van de meest populaire soorten paddenstoelen. Hij werd gebruikt door oude mystici en maakte in de oudheid deel uit van religieuze rituelen. De hoed van deze vreemde paddenstoelensoort is kegelvormig tot klokvormig en wordt uiteindelijk convex. De randen van de hoed hebben fijne fibrillen en de kleur is bruin tot diep oranje, maar vervaagt bij het drogen tot een gelige kleur. De plaatjes zijn bevestigd aan de binnenkant van de hoed, die in volwassen toestand bleekgrijs tot donker paarsachtig bruin is, en de randen worden witachtig. De stengel van Psilocybe mexicana is dik en lang met een strogele tot bruinachtige kleur en wordt donkerder na verloop van tijd of door beschadigingen. Mexico is rijk aan *Psilocybe mexicana*, die er voornamelijk groeit in paardenweides, mestrijke bodems en velden.

Het eerste onderzoek naar Psilocybine-paddenstoelen focuste op *Psilocybe Mexicana*. Mystici en geneesheren gebruikten deze paddenstoel, maar waren niet bekend met zijn naam of exacte eigenschappen. Deze Psilocybine-paddenstoel werd ook aanbeden door oude volkeren aangezien ze geloofden dat het een krachtige paddenstoel was. Ze geloofden dat hij goddelijke krachten had.

Psilocybe Cubensis

Nog één van de populairste Psilocybine-paddenstoelen van het Psilocybe geslacht is *Psilocybe cubensis*. Het is één van de breedst verkrijgbare psychedelica. Deze Psilocybe kent nog een paar andere namen, waaronder *Stropharia cubensis, Stropharia cyanescens and Stropharia caerulescens*. Ze staan ook bekend als "Mexicaanse paddenstoelen" en magische paddenstoelen of shrooms. In vergelijking met andere paddenstoelen, is deze soort makkelijk te kweken. Dankzij de natuur groeit hij echter meestal vanzelf. Hij bevat ook psilocine and psilocybine, die verantwoordelijk zijn voor veel van zijn medische en hallucinogene eigenschappen. Net zoals *Psilocybe mexicana*, speelde deze paddenstoel een belangrijke rol in onderzoek naar Psilocybine-paddenstoelen. Ze staan ook bekend als "golden tops" vanwege hun goudkleurige hoed.

De hoed van Psilocybe cubensis is kegelvormig en klokvormig, en wordt aan de randen convex. De plaatjes zijn aan de onderkant van de hoed bevestigd en zijn grijsachtig bruin. Na verloop van tijd worden ze paarsachtig zwart. De stengel is dik en witachtig, maar zelfs bij lichte beschadigingen kunnen er blauwe plekken verschijnen. Deze soort paddenstoel komt voor in de zuidoostelijke regio van de Verenigde Staten, Mexico, Cuba, Midden-Amerika, Noord-Zuid-Amerika, in het subtropische Verre Oosten (India, Thailand, Vietnam en

Cambodja), en ook in Australië. Hij wordt meestal gezien in de twee maanden van zijn vruchtzetting, zoals in mei en juni.

Hoofdstuk zeven

De beginselen van kweken

De term magische paddenstoel verwijst naar vruchtdragende groepen van bepaalde schimmels. Ze bevatten een mix van psychoactieve verbindingen, bijvoorbeeld **psilocybine** en **psilocine**. Er is een breed scala aan psychoactieve mengsels in magische paddenstoelen. De aanwezige blends verschillen van soort tot soort en van groepen tot clusters. In die zin is het lastig om zorgvuldige en exacte doses psilocybine uit gedroogde magische paddenstoelen te extraheren. De mixen die aanwezig zijn in magische paddenstoelen werken op verschillende manieren samen om verschillende effecten te hebben voor de gebruiker.

Delen van een paddenstoel

Schimmels zijn een unieke levensvorm met lichaamsstructuren en regeneratieve modi die helemaal niet lijken op die van andere wezens. De belangrijkste kenmerken van een schimmel zijn het mycelium (bestaande uit hyfen), het vruchtlichaam en de sporen.

Hoogtepunten - Veel schimmels zien eruit als planten, maar het zijn eigenlijk heterotrofen. Een schimmel moet voedsel verwerken om te kunnen leven, terwijl planten autotrofen zijn, die hun voedsel zelf maken door middel van fotosynthese.

Mycelium:

Het mycelium is een systeem van draadachtige vezels die **hyfen** worden genoemd. Het mycelium krijgt supplementen (in het algemeen door rottend weefsel) en levert het vruchtlichaam. Vaak bevindt het grootste deel van het mycelium zich onder de grond. Het mycelium van een mammoetzwam die in Oregon groeit, beslaat meer dan 2.200 stukken bosland.

Vruchtlichaam

Het vruchtlichaam van een schimmel is een regeneratieve structuur. Een paddenstoel is een gewoon vruchtlichaam dat vasthangt aan het ondergrondse mycelium. Een vruchtlichaam produceert sporen.

Sporen

De sporen worden op grote schaal verspreid. Besmettelijke sporen, die losgelaten worden door het vruchtlichaam, zijn haploïde, wat betekent dat ze slechts één chromosoom overbrengen voor elke eigenschap (zoals menselijke gameten).

Sporen kunnen zich ontwikkelen als ze op doorweekte grond landen.

In tegenstelling tot wezens, verwerken schimmels voedsel niet binnenin hun lichaam. Ze lozen maaggerelateerde chemicaliën, waardoor hun voedsel buiten hun lichaam wordt "**verwerkt**". Een schimmel verkrijgt dan zijn supplementen door het verwerkte voedsel vast te houden via het mycelium.

De meest effectieve methode om wilde psilocybine-paddenstoelen te identificeren

Wilde psilocybine-paddenstoelen worden in tal van gebieden over de hele wereld aangetroffen en kennen minstens tien unieke verschijningsvormen. De bekendste van de wilde psilocybine-bevattende paddenstoelen, **Psilocybe Cubensis**, komt voor in de Verenigde Staten, Midden- en Zuid-Amerika en West-Indië. Psilocybine-paddenstoelen kunnen vaak worden herkend aan hun kleur, vorm en de beschadigingen aan de stengel, die een blauwe kleur met zich meebrengen. Psilocybine-paddenstoelen moeten opzettelijk uit de buurt worden gehouden, aangezien ze aanzienlijke gezondheidsrisico's met zich meebrengen en in de Verenigde Staten illegaal zijn om te gebruiken. De inname van deze paddenstoelen kan hersenvluchten, misselijkheid, kokhalzen, slaperigheid of zelfs nierfalen veroorzaken. Identificeer voor gebruik iedere paddenstoel steeds zorgvuldig om te garanderen dat het er niet één van deze soort is.

- Kijk naar de kleur van de paddenstoel. Jonge Psilocybe Cubensis-paddenstoelen (gewoonlijk zullen die aan de kleinere kant zijn) kunnen een diepe, briljante aardekleurige schakering hebben, terwijl verder ontwikkelde exemplaren een lichtere kleur hebben.
- Zoek naar een afdruk aan de binnenkant. De Psilocybe Cubensis heeft een onmiskenbaar donkerdere aardekleurige vlek in het midden van de paddenstoel.
- Controleer of de stengel een blauwe kleur heeft. Deze schakering, die kan ontstaan door de reactie tussen zuurstof en psilocybine, komt voor bij beschadigingen. Als de paddenstoel verplaatst is door een mens, insect of zelfs gras of een andere paddenstoel, vindt deze reactie gewoonlijk plaats.
- Zoek naar een diepe paarskleurige plaatjesverspreiding. Deze paddenstoelmantel is een bedekking die op de plaatjes van de paddenstoel blijft zitten totdat de bovenkant van de paddenstoel volledig uitsteekt, dus alles bij elkaar genomen zal hij breken. Vaak is er een kapotte lijkwade te zien die rond de steel van psilocybine-paddenstoelen draait.

De levensduur van deze schimmel:

Schimmels hebben een extreem korte levensverwachting. Dit verschilt echter enorm van soort tot soort. Sommige soorten leven misschien maar een dag, terwijl anderen ergens tussen een week en een maand bestaan. De levenscyclus van een schimmel begint als een spore en loopt verder tot de ontkieming.

Spore ontwikkeling:

Schimmels beginnen hun leven als sporen die worden vrijgegeven door volledig ontwikkelde schimmels. De cellen van de sporen scheiden zich en evolueren naar hyfen nadat ze zijn losgelaten. Wanneer schimmeldraden die gevormd zijn uit sporen uitgestoten door twee verschillende schimmels elkaar ontmoeten, kunnen ze zich ineenstrengelen om een enkele cel met twee kernen te vormen.

Paddenstoel:

Wanneer de tweekerncellen, oftewel **dikaryon**, zich hebben ontwikkeld, vormen ze een vruchtlichaam dat wij kennen als een paddenstoel. De kernen van de cellen in de paddenstoel zullen verdere delingen ondergaan en, uiteindelijk, haploïde cellen – cellen met een solitaire rangschikking van chromosomen – die zich op dat moment isoleren door meiose en sporen vormen.

Dood:

Wanneer een schimmel klaar is met het maken van sporen door middel van meiose, komt zijn leven tot een eind. De sporen verspreiden zich en de rest van de staart en hyfen zullen geen volgende vruchtprocedure meer meemaken. De restanten van de schimmel zullen afbreken in de aarde.

Levenscyclus van Psilocybine-paddenstoel

Als je thuis paddenstoelen wil kweken, is het noodzakelijk om na te denken over de levenscyclus van een paddenstoel. Om succesvol paddenstoelen te laten groeien, moet je inzicht hebben in de levenscyclus van de paddenstoel. De paddenstoel bestaat uit een steel en een hoed. Wat velen niet begrijpen, is dat er een heel systeem van zogenaamd mycelium onder de paddenstoel zit. Mycelium is een strak systeem van cellen onder de grond. Dit ondergrondse mycelium is de plant waarvan de paddenstoelen de natuurlijke producten zijn.

Het mycelium heeft tijdens zijn levensloop maar één **doel**: het voortbestaan van de soort. Het mycelium doet dit door paddenstoelen te kweken. Deze paddenstoelen produceren sporen, die ze laten vallen als ze volwassen zijn.

De levenscyclus

- Een volgroeide paddenstoel laat sporen vallen
- Sporen vallen op de grond - sporen ontwikkelen zich
- Ze ontmoeten perfecte sporen
- Mycelium begint – speldenknopjes ontstaan
- Primordia arrangement - ontwikkeling paddenstoel - ontwikkelen, sporen laten vallen
- Cirkel voltooid

In grote lijnen geldt dit ook voor de teler:
- Verkrijg sporen

- Maak substraat
- Inenting
- Incubatie
- Plaats ze in vruchtbare omstandigheden
- Pinhead-opstelling
- Kweek de paddenstoel
- Maak een sporenprint

Reproductie van paddenstoelen

Sporen

Paddenstoelenjagers trekken door drassige, weelderige streken op zoek naar een waardevolle, heerlijke paddenstoel. Ze moeten goed bekend zijn met de herkenningsprocedures, aangezien bepaalde paddenstoelen dodelijk zijn. Er zijn meer dan 3.000 soorten paddenstoelen over de hele wereld. Het is een schimmel en heeft, in tegenstelling tot planten, geen chlorofyl om zelf voedingsstoffen mee te maken. De bovenkant van de paddenstoel - het deel dat we gewoonlijk eten - is het vruchtdragende stuk van de paddenstoel en is noodzakelijk voor zijn proliferatieproces. De hoed gaat maar een paar dagen mee. In die tijd zal hij echter een groot aantal sporen maken. Sporen zijn enkele cellen, elk uitgerust om tot een paddenstoel te worden gevormd.

Cellen produceren sporen:

De cellen die sporen produceren op het vruchtlichaam, zijn **asci** of **basidia**. Bij ascicellen worden de sporen binnenin gecreëerd, en bij basidia worden ze daarbuiten afgeleverd. De sporen worden losgelaten wanneer ofwel de punt van de asci scheurt of de sporen van de basidia loskomen. Nadat de sporen zijn losgelaten, worden ze door de wind meegevoerd. Het is mogelijk dat ze ver van de ouderpaddenstoel landen. Nadat de sporen zijn losgelaten, komt het leven van het bovenste of vruchtdragende stuk van de paddenstoel tot een eind.

Asci- en Basidia-cellen

De asci-cellen bevinden zich aan de binnenkant van de bekerorganismen. Op het moment dat de asci openscheurt, worden de sporen losgelaten. Paddenstoelen met plaatjes, boleten en stuifzwammen hebben allemaal basidia-cellen. Bij de paddenstoelen met plaatjes bevinden ze zich aan de onderkant van de top, waaruit de sporen worden gedropt. In de boleten zitten ze in buisjes ingesloten in het weefsel van de paddenstoel, met poriën die de sporen afvoeren. Bij de stuifzwam bevinden ze zich in het lichaam van de hoed, en de sporen worden afgevoerd wanneer de bovenkant open scheurt.

De cyclus gaat verder

Opdat een spore kan voortbestaan en zich ontwikkelen tot een nieuwe paddenstoel, moet hij in een situatie terechtkomen die geschikt is voor het groeien van paddenstoelen. De aarde moet vochtig en klam zijn. Paddenstoelen gedijen in groene en weelderige streken. Nadat ze in een dergelijke situatie zijn aangekomen, zullen de sporen haarachtige vezels ontwikkelen die hyphen worden genoemd. Van zodra de hyfen van één spore in contact komen met de hyfen van een andere spore, begint er een voortplantings- of ontkiemingsproces dat resulteert in de creatie van nog meer sporen.

Hoofdstuk acht

De fundamentele groei-parameters

Psilocybine-paddenstoelen zijn wellicht het eenvoudigste ding om te maken op deze planeet – ze hebben enkel een paar parameters nodig en een beetje volharding. De units die wij verkopen bevatten een perliet- en vermiculietsubstraat, met daarin mycelium, waaruit de paddenstoelen voortkomen. Het is vrij eenvoudig om te magische paddenstoelen te beginnen te kweken; lees verder voor een volledige gids over de beste methode om dit te doen.

Elke paddenstoelensoort heeft tientallen verschillende eigenschappen, aangezien ze uit verschillende delen van de wereld komen. Sommige soorten zijn een stuk eenvoudiger te ontwikkelen, sommige zijn aanzienlijk krachtiger en sommige produceren grotere opbrengsten dan andere. Ze ontwikkelen zich daarnaast in verschillende vormen, die je zult zien wanneer ze opengaan. Op de bijgevoegde afbeelding zie je twee unieke soorten (Pan-American en B+), die zich op precies dezelfde dag voortplantten. De Pan-Amerikaanse paddenstoelen hebben nog maar amper mycelium afgeleverd, maar leveren wel sneller grotere paddenstoelen op. B+, daarentegen, heeft het hele oppervlak met een laag mycelium bedekt en begint die af te werken met kleine paddenstoeletjes.

Als je nog nooit psilocybine-paddenstoelen hebt gekweekt, raden we je aan om te beginnen met de soort **Mexican**. Deze soort past zich veel beter aan temperatuur en vochtigheid aan, zodat ze, ondanks alles, een overlevingskans heeft, ook als je de optimale paramaters niet kan voorzien.

Verlichting

Een van de belangrijkste variabelen bij het kweken van psilocybine-paddenstoelen is de hoeveelheid en de soort licht die ze krijgen – ze mogen nooit direct licht krijgen. Je kan ze kweken bij daglicht of een witte gloeilamp, maar nooit rechtstreeks op het substraat. De benodigde hoeveelheid licht is soms onduidelijk, aangezien paddenstoelen gewoonlijk groeien op de bodems van enorme wouden, in duisternis. Als je ze met behulp van zonlicht kweekt, laat je je gordijnen gewoon open en plaats je de paddenstoelen naast het raam, zodat ze nooit in direct daglicht komen te staan. Als je de lampen in je huis gebruikt, moet je ze zo plaatsen dat het licht niet rechtstreeks op het substraat schijnt.

Vochtigheid

Vochtigheid is noodzakelijk om het mycelium aan te maken, de plek waar de paddenstoelen uit zullen groeien. Om de luchtvochtigheid exact te meten, moet je een kleine kweekbak gebruiken. Hydrateer het substraat met verpakt, assimilatie- of gedestilleerd water - gebruik nooit kraanwater. Zodra je water toevoegt, zal het substraat beginnen uit te zetten, dus je zult geleidelijk moeten gieten om ervoor te zorgen dat het redelijk nat is. Eenmaal het rijkelijk is overgoten, moet eventueel overtollig water verwijderd worden - als er water aan de onderkant van het compartiment achterblijft, kan dit gaan schimmelen.

Onze paddenstoelenunits worden geleverd met een zak die je als kwekerij kunt gebruiken. Als je echter ideale resultaten wil bekomen, raden we je aan om een aangepaste kwekerij te kopen. Om het mycelium te laten groeien, moet je de luchtvochtigheid in de propagator minstens twee dagen constant op 90% houden. Dit betekent dat je wat extra water moet toevoegen onderin de kweekbak, niet in het compartiment met het substraat. Zorg ervoor dat je geassimileerd, gedestilleerd of verpakt water gebruikt. Een andere manier om dit te doen, is om de deksels op de houders te laten, waardoor de vochtigheid aanzienlijk toeneemt. Na de eerste twee dagen moet je de luchtvochtigheid op ongeveer 70% brengen, wat je eenvoudig kunt doen door te sleutelen aan de kleine raampjes van je kwekerij.

Temperatuur

Temperatuur is een andere onvoorstelbaar belangrijke parameter; paddenstoelen bloeien meestal ergens tussen de **21** en **24 ° C.** We raden je dus aan om de kwekerij hier precies middenin te houden. Als het koel is waar je ze wil kweken, kun je een verwarmde kwekerij kopen of een verwarmend element onder je kwekerij plaatsen. Als je je paddenstoelen kweekt onder de **21 ° C,** zal je langzamer en minder paddenstoelen krijgen - wanneer het mycelium dynamisch is en paddenstoelen moet maken.

Hygiëne

Tot slot zijn hygiëne en een smetteloze werkomgeving cruciaal bij het kweken van Psilocybine-paddenstoelen. Ze zijn erg kwetsbaar en hebben een perfect gesteriliseerde omgeving nodig – raak ze in geen geval aan met je handen. Zorg ervoor dat je latexhandschoenen gebruikt wanneer je de unit verzorgt en draag indien mogelijk een mondmasker. Maak zo weinig mogelijk veranderingen aan hun omgeving – rook niet, en gebruik geen deodorant of andere doucheproducten in de kamer waarin ze zich bevinden, anders kunnen ze beschadigd raken en zich niet meer op de juiste manier ontwikkelen.

Als je zorgt dat je Psilocybine-units de juiste verlichting, vochtigheid, temperatuur en hygiëne krijgen, zullen ze je veel hallucinogene paddenstoelen opleveren. **Growbarato.net** biedt alles wat je nodig hebt om je unieke Psilocybine-paddenstoelen te kweken, zowel de units zelf als toebehoren zoals verwarmde matjes en thermo-hygrometers, alsook mycologische studiesets.

Tips voor het oogsten van Psilcobine-paddenstoelen

Ergens tussen de 7 en 14 dagen nadien zou je een klein aantal eerste paddenstoelen moeten zien verschijnen. Vanaf dat moment zullen ze volledig gevormd uit de grond beginnen te schieten - als je er een paar keer per dag naar gaat kijken, zal je waarschijnlijk merken dat ze dagelijks een paar centimeter groter worden. Na ongeveer 3-4 dagen zijn ze klaar en na het moet je ze nog een paar dagen laten drogen vooraleer je ze in overweging kunt nemen.

Om de paddenstoelen te plukken trek je speciale handschoenen aan en knijp je ze een tussen je vingers, zachjes draaiend – ze zouden meteen los moeten komen. Ze zijn erg lichtgeraakt en overal waar je ze aanraakt, zal er gedurende enkele uren een vage verkleuring optreden. Dit is normaal, dus wees niet bang dat ze verpest of rot zouden zijn.

Gooi de houder niet weg wanneer je alle paddenstoelen plukt - mycelium kan nog wat langer dynamisch blijven, afhankelijk van de omstandigheden. Het kan zijn dat je al na een paar dagen een tweede lading paddenstoelen ziet verschijnen. Als de groeiomstandigheden onberispelijk zijn, kun je zelfs drie of vier opbrengsten uit slechts één compartiment halen.

Een sporenspuit maken

Als je een sporenafdruk hebt en toegang hebt tot injectiespuiten, kan je makkelijk een sporen-waterspuit maken om te gebruiken voor de PF strategie.

Materialen:

Sporen, injectiespuit en naald, steriel water in een beker met folie (15 mL voor iedere spuit), Jet-Dry of vergelijkbare vaatwasvloeistof, alcoholbrander, entoog.

1. Doe 25 ml water voor iedere spuit in een pot van **1/2-16 ounces** met een kanaalplaat en deksel, samen met twee druppeltjes vaatwasvloeistof. Zulk spoelmiddel kan in de meeste supermarkten gevonden worden. Zoek een merk dat geen azijn bevat of parfums. Het zorgt ervoor dat sporen niet samenklitten en aan de randen van de pot en de 92 I PF Tek Improved spuit blijven kleven.

2. Verzegel en steriliseer gedurende 30 minutes op **15 psi**. Laat afkoelen voor gebruik.

3. Deze techniek voer je het beste uit in een 'glove box' of voor een dampkap om steriliteit te verzekeren. Maak je

werkoppervlak goed schoon met ontsmettingsalcohol of **3%** waterstofperoxide en laat drogen.

4. Zet je alcoholbrander aan en maak het entoog intens heet.

5. Maak het deksel los, til het een beetje op van de pot, en koel het entoog af in het steriele water.

6. Zet het deksel losjes op de pot en ga nadien door het entoog om een paar sporen van de sporenafdruk te nemen.

7. Til het deksel op, draai het entoog rond in het water en zet daarna het deksel terug. Schud een paar keer voor de zekerheid. Aparte sporen zijn miniscuul; je zal je niet kunnen zien in het water.

8. Doe wat sporenwater in de spuit. Vul en ledig de spuit hierbij een paar keer voorzichtig zodat de sporen gelijkmatig verdeeld zijn.

9. Verwijder de afdekking van de naald, label de spuit met de paddenstoelensoort en de datum en plaats het in een schoon Ziploc-zakje tot je de sporen weer nodig hebt. Zulke spuiten kunnen gedurende een maand of twee in de koelkast bewaard worden. Hoe sneller je ze echter gebruikt, hoe beter.

Agar sporenontkieming

Deze strategie is hetzelfde als de vorige met de sporenwaterspuit, maar hier worden de sporen verplaatst naar sans peroxide-agarplaten in plaats van water.

Materialen:

Sporenprint zonder peroxide agar, Petrsischaaltjes, entoog, alcoholbrander, Parafilm

1. In je 'glove box' of dampkap, verhit het entoog in de alcohollamp totdat het witheet gloeit.

2. Til het deksel van het eerste Petrischaaltje met je andere hand, druk de punt van het entoog middenin de agar om hem aft e koelen (dit brengt ook een dun laagje agar aan op het entoog, wat de sporen helpt om te blijven kleven).

3. Dek het schaaltje af en ga daarna door het entoog om een bescheiden hoeveelheid sporen van je print te nemen.

4. Veeg deze over het Petrischaaltje in een S-vormige beweging en sluit nadien het schaaltje.

5. Steriliseer het entoog en laat het afkoelen telkens wanneer je een nieuw schaaltje doet.

6. Pak daarna de randen van ieder schaaltje in met Parafilm, label ze met belangrijke data en laat ze boeden met de agarkant omhoog.

Sporenontkieming met kartonnen schijf

Materialen:

Sporenprint, kartonnen cirkels, pot met deksel van J/2-16 ounces, testcylinders or flesjes met een schroefdop (2 of 3 voor elke sporenprint), moutgist agar arrangement (1 theelepel mout en een miniscuul beetje gist apart in 1 00 mL water), pipet, pincet, alcoholbrander, Parafilm

1. Plaats kartonnen cirkels in de pot van J/2-16 ounces, samen met 1-2ml water en sluit af. Plaats 5-10 druppels moutoplossing in testbuisjes en sluit voorzichtig af. Steriliseer de pot en cylinders gedurende 15 minutes aan 45 psi en laat helemaal afkoelen.

2. Plaats alle apparaten en materialen all apparatuses and materials in your glove box or stream hood.

3. Warmth the tweezers in the liquor light until hot and permit to cool.

4. Open the jar and utilize the tweezers to expel one plate. Spread jar.

5. Gently contact the edge of the circle to part of the spore print. You ought to have the option to see the dark spores holding fast to the ring.

6. Open a test cylinder and drop the plate onto the base of the cylinder.

7. Rehash 3-5 times for every cylinder.

8. Make two containers of plates at any rate for every spore print.

9. Seal the cylinders with Parafilm and brood.

10. At the point, when the spores have developed and the circles are fully colonized, move a couple to singular peroxide-containing agar plates.

Hoofdstuk negen

PF-TEK

De PF-Tek werd gecreeërd en openbaar gemaakt in 1992. De beschreven groeitechniek is gebaseerd op de PF-Tek, maar bevat een paar betrouwbare wijzigingen die ik beter vind dan de originele PF-Tek. De PF-Tek for Simple Minds is zo essentieel en idiot-proof als maar kan zijn, maar biedt natuurlijk geen garantie. Door deze methode te volgen, maak je grote kans om te slagen, bij te leren over het proces in het algemeen, en bereid je voor op Teks die meer opleveren, zoals volledige granen en afval gebruiken.

PF-Tek zorgt ervoor dat kwekers magische paddenstoelen kunnen doen groeien zonder enige voorbereiding. Deze techniek voor het kweken van **Psilocybe Cubensis** is simpel, eenvoudig en heeft hoge slaagkansen. We hebben gemerkt dat veel klanten van de Magic Mushroom Shop om PF-Tek instructies vragen. We zullen je helpen bij het klaarmaken van een PF-Tek substraat en het maken van PF-Tek cakes. De PF-Tek for Simple Minds gebruikt inmaakpotten van ½pt (ca. 240ml) of drinkglazen, en een groeisubstraat gemaakt van vermiculiet, aardekleurig rijstmeel en water. Het substraat wordt gemengd, in potten gegoten, gesteriliseerd en geïmmuniseerd met paddenstoelensporen nadat het substraat volledig is gekoloniseerd. De substraatcakes zijn het natuurproduct in een vochtig compartiment.

Netheid

Door paddenstoelen binnen te kweken op een voedzaam substraat, creëer je omstandigheden die gunstig zijn voor de ontwikkeling van de paddenstoelen, maar daarnaast ontstaan er ook talloze verschillende organismen (schimmel, microben), waarvan er heel wat nefast kunnen zijn voor je gezondheid. Om te garanderen dat je alleen maar een perfecte paddenstoel ontwikkelt, is het belangrijk gedurende de hele teelt over de netheid te waken.

Was je handen met (antibacteriële) reiniger en warm water voordat je aan het werk gaat. Veeg ze daarna droog en wrijf ze met lysol of isopropyl-likeur (isopropanol). Houd de plek waar je de inenting en vruchtzetting doet residuvrij en schoon, en vermijd vieze kledij of schoenen. Persoonlijke hygiëne is ook belangrijk: vuile handen en zelfs vies haar zijn een broeigaard voor een breed scala aan ongewenste micro-organismen die je kweekproject kunnen verpesten.

Benodigde Rudolf materialen voor PF-TEK-groei

Substraat:

- Bruin rijstmeel
- Vermiculiet
- Water

Hulpmiddelen:

- Potten
- Afdeksels
- Aluminiumfolie
- Snelkookpan
- Groeizak
- Sporenspuit, sporenflacon of sporenprint
- Spuit
- Alcoholbrander of torch-aansteker
- Gezichtsmasker
- Handschoenen
- Mengkom
- Weegschaal
- Maatbeker
- Vork/lepel
- Priem, spijker en hamer, boor
- Markeerstift
- Tape of namen

Materialen:

De meeste materialen zijn makkelijk te verkrijgen bij lokale winkels.

Vermiculiet:

Vermiculiet wordt geproduceerd met behulp van een veel voorkomend mineraal - **mica**. Geplette mica met water daarin, wordt opgewarmd en zet zich daarna uit tot een volume dat een vele malen groter is dan dat van de onbehandelde mica. Vermiculiet kan een paar keer zijn gewicht in het water vasthouden en geeft het substraat een luchtige structuur. Normaalgezien kun je vermiculiet krijgen in tuinzaken en in hydrocultuurwinkels, in bepaalde gebieden ook in dierenwinkels.

Bruine rijstmeel -BRF:

BRF is tegenwoordig verkrijgbaar in welzijnswinkels. Soms kan je zulke aardekleurige rijst enkel in hele toestand verkrijgen. In dat geval kan je de rijst fijn laten malen in de winkel, of – indien deze optie er niet is – gebruik dan een elektrische espressoprocessor. BRF kan het beste koel en droog worden bewaard, omdat het makkelijk slecht kan worden vanwege de vette substantie van de rijstschillen. Als je geen BRF kan vinden, kunt je ook volledig roggemeel, gemalen gierst of gemalen vogelzaad op basis van gierst gebruiken met vergelijkbare resultaten.

Water:

Het water dat wordt gebruikt om het substraat mee klaar te maken, moet van drinkwaterkwaliteit zijn. Kraanwater is normaal gesproken in orde, maar als je het niet zeker weet, kan je beter verpakt drinkwater of mineraalwater gebruiken.

Sporenspuit:

Een plastic spuit met een naald, die **10cc-12cc** suspensie van paddenstoelensporen in water bevat.

De kleur van de suspentie varieert van doorzichtig tot ietwat violet afhankelijk van de hoeveelheid sporen in het mengsel.

Potten:

De potten zouden een inhoud moeten hebben van ½pt oftewel ongeveer 240 ml. Je kan zowel inmaakpotten als drinkglazen gebruiken. Het belangrijkste hierbij is dat ze strak afsluiten en geen versmallingen hebben. Zo kan je de cake er in één stuk uit schuiven eenmaal hij is gekoloniseerd. Grotere potten hebben meer tijd nodig om te koloniseren en bevelen we dus niet aan.

Substraatarrangement:

Voor 240 ml heb je nodig:

- 140 ml vermiculiet
- 40 ml bruin rijstmeel
- Een kleine hoeveelheid vermiculieten om de pot tot de rand te vullen (20 ml)

Water

Voor zes potten komt dit neer op een total van:

- 3.5 US cups vermiculiet
- 1 US cup aardekleurig rijstmeel

Noot:

½pt (US half quart) = 1cp (US cup) = 236ml (milliliter) = 236cc (kubieke centimer) = 1/4 qtr. (US quart)

Doe de benodigde hoeveelheid vermiculiet voor alle potten in een kom (bijvoorbeeld, zes potten: 6 x 140 ml = 840 ml ~ 3.5 US cups).

Giet geleidelijk water over het vermiculiet en meng intussen met een lepel. Let erop dat je maar zoveel water toevoegt als het vermiculiet goed kan opnemen. Meng het goed, zodat alle vermiculiet volledig nat is. Als je de kom kantelt, zou je slechts een kleine hoeveelheid water uit het vermiculiet moeten zien lopen.

Op dat moment heb je het correcte watergehalte bereikt. Als er veel water in de kom is, giet het natte vermiculiet dan in een zeef en laat het overtollige water even weglopen. Op dat moment zal het vermiculiet verzadigd zijn, wat perfect is.

Voeg de nodige hoeveelheid **bruin rijstmeel** (bijvoorbeeld, 6 x 40 ml = 240 ml = 1 US cup) bij het natte vermiculiet en meng met de lepel. Het is de bedoeling om de natte vermiculietdeeltjes gelijkmatig te bedekken met een laag bruin rijstmeel.

Vul potten met het mengsel tot ½ inch (1cm) onder de rand. Het is belangrijk dat je het substraat er zo in doet dat het luchtig en los blijft, om de ideale omstandigheden te bieden voor het ontwikkelen van mycelium. Let op dat je geen substraat op de bovenrand van de pot achterlaat. Als je niet voorzichtig genoeg was en er toch wat substraatdeeltjes op de rand zitten, neem dan een schone natte doek en veeg de bovenkant van de pot schoon. Op zulke plekken kunnen anders verontreinigingen ontstaan die dan uiteindelijk in de pot belanden.

Werk de pot af met droog vermiculiet bovenaan. Deze laag voorkomt dat verontreinigingen uit de lucht het bedekte substraat bereiken als ze in de pot geraken tijdens de enting en incubatie.

Neem een 7 inch (14 cm) brede strook aluminiumfolie en vouw die dubbel in het midden. Leg de folie op de opening van de pot, zoals afgebeeld op de foto's. Als je potten met metalen deksels gebruikt, kan je met een spijker en hamer vier openingen aan de rand van elk afdeksel prikken en het deksel erop schroeven. De openingen zouden iets groter moeten zijn dan de afmetingen van de injectienaald.

Vouw de folieranden naar boven en druk ze samen, zodat je een top van aluminiumfolie krijgt. Neem dan een stuk folie van **5 inch x 5 inch** in en plaats het over de eerste twee lagen (het metalen deksel apart, als je deksels gebruikt), waarbij je de randen van de folie naar beneden laat komen omdat dit deel opnieuw moet worden opgetild tijdens de inspuiting.

Sterilisatie

Giet ongeveer **1 inch (2,5 cm)** water in de snelkookpan. Voeg niet meer water toe, anders verandert het watergehalte wanneer het in de potten belandt. Stapel de potten dan in de snelkookpan. We raden sterk aan om een rek te gebruiken om te voorkomen dat de potten rechtstreeks in contact komen met de bodem van het fornuis. Doe het deksel erop en breng het fornuis over een periode van **15 minuten** geleidelijk op een middelhoog vuur tot de nodige druk (15 psi = 1atm boven barometrische druk).

Als je het fornuis te snel opwarmt, kunnen de potten hierdoor splijten. Wanneer er stoom begint te ontsnappen aan de 'rocker' of de ventilatieopening bovenop van de snelkookpan, verminder de warmte dan, zodat er slechts een kleine, constante stoomstroom uit de ventilatieopening komt – snelkook voor 45 minuten vanaf dit punt. De kookprocedure kan verschillen afhankelijk van het model snelkookpan, dus als je geen ervaring heeft met snelkoken, raadpleeg dan de handleiding of iemand die eerder snelkookpannen heeft gebruikt. Haal de snelkoker na 50 min van het vuur en laat hem afkoelen voor minstens 5 uur. Als je nog nooit een snelkookpan hebt gebruikt, bekijk dan de uitleg over het juiste gebruik van een snelkookpan.

Als je geen snelkookpan kunt vinden of kopen, kan je de potten ook **steriliseren** met behulp van de grootste container met een deksel. Stoom de potten in dit geval gedurende 1,5 uur in een pot met een deksel erop. Gebruik slechts ca. 2,5 cm water onderin de pot. Het kan zijn dat je tijdens het stomen nog wat water aan de pan moet toevoegen door de verdamping.

Substraat desinfecteren in een gewone schotel

- Neem een hoge schaal met een goede afdekking waar je alle potten in kunt zetten.
- Zet een rooster op de bodem van de pan of gebruik hiervoor deksels. Dit zorgt dat er geen contact is tussen de potten en de hete bodem en voorkomt zo dat de potten breken door de warmte.
- Open de voorkant van de substraatpot een beetje en bedek met folie. Doe al je potten in de container.
- Vul de koekenpan met water tot maximaal 1 centimeter onder de rand van de potten.
- Verwarm het water langzaam tot het breekpunt.
- Laat het anderhalf uur stomen met het deksel op de schaal. Houd het vuur zo laag als mogelijk terwijl het water blijft stomen. Controleer af en toe of er nog voldoende water in de container zit.
- Schakel het vuur uit na minimaal anderhalf uur stomen. Langer stomen is een manier om een succesvolle sterilisatie van het substraat te garanderen.
- Laat de potjes in de pan afkoelen. Dit kan een hele nacht duren. Wacht tenminste vijf uur.
- Haal alle potten uit de pan en markeer elke pot met een cijfer of letter, zodat je ze uit elkaar kan houden.

- De potten worden nu voorbereid op de inenting met sporen.

Substraat desinfecteren in een snelkookpan

- Zet een rooster op de bodem van de snelkookpan of gebruik deksels. Dit zorgt ervoor dat de potten niet in contact komen met de hete bodem en dat de potten niet breken door de warmte.
- Vul de snelkookpan met ongeveer zes centimeter water. Of volg de instructies in de handleiding van jouw snelkookpan.
- Zet alle potten op het rooster en sluit de snelkookpan.
- Verwarm geleidelijk tot je de juiste druk bereikt, d.w.z. 15 psi van one air.
- Laat het stomen voor 45 minuten à een uur en schakel daarna het vuur uit.
- Laat de potjes afkoelen in de container. Dit kan een hele nacht duren. Wacht tenminste vijf uur.
- Haal alle potten uit de schaal en geef elke pot een cijfer of letter, zodat je ze uit elkaar kunt houden.
- De potten worden nu voorbereid op de inenting met sporen.

Tip: Ruik tijdens het desinfecteren aan het substraat. Op deze manier weet je hoe het normaal ruikt en kan je later controleren of de geur is veranderd. Een scherpe, stevige geur kan op bederf wijzen.

Tip: Bewaar de potten maximum een aantal weken op kamertemperatuur op een donkere en tochtvrije plaats. Controleer de potten daarna op verontreinigingen zodat je zeker geen sporen in vervuilde potten doet. Gooi het substraat van verontreinigde potten onmiddellijk weg en reinig het gebied en de pot.

Inenting

Dit is het tweede deel van de PF-Tek techniek. Je moet steriel en voorzichtig te werk gaan. Zorg ervoor dat je je werkgebied volledig schoonmaakt voordat je de substraatpotten met sporen infuseert. We raden aan om je handen schoon te maken met handgel en een masker te dragen. Je kunt ook een '**glove box**' of inentingsruimte maken, maar dit is niet essentieel als je vlekkeloos en steriel te werk gaat. Wanneer je immuniseert, voeg je via een injectiespuit sporen toe aan het PF-Tek-substraat dat je eerder hebt gemaakt. De sporen vormen een mycelium dat geleidelijk het substraat van de pot zal koloniseren. Verwacht ongeveer 1 ml sporen per pot. Je kunt ook steeds meer (2 ml) gebruiken. In dat geval zal de pot sneller koloniseren.

Procedure

Als de snelkoker koud is, plaats ze dan op een smetteloos oppervlak. Zorg ervoor dat er een alcoholbrander of een aansteker en de sporenspuit klaarliggen. Schud de sporenspuit om de sporenclusters te scheiden.

Het is van vitaal belang dat er een klein beetje lucht in de spuit zit om te schudden. Als dit niet het geval is, kan je ongeveer **1 cc** steriele lucht in de spuit zuigen door de punt van de naald in het vuur te plaatsen en geleidelijk terug te trekken.

Maak de folie van alle potten los zodat het makkelijk opgetild kan worden voor het inspuiten.

Neem de afdekking van de naald en verwarm hem boven het vuur tot hij roodgloeiend is. Laat even afkoelen.

Verwijder de bovenste folielaag en leg hem aan de kant.

Doordring de folie aan de rand van de pot met de naald 1 inch (2,5 cm) diep en infuseer de sporen-suspensie in het binnenste potoppervlak. Je zou een beetje moeten zien lopen van het binnenoppervlak van de pot naar de basis. Elk potje wordt gevaccineerd op vier regelmatig verspreide punten. Je moet **1 - 1,5 ml** van de sporensuspensie gebruiken per pot, dus een spuit van 10 ml is voldoende voor 6 - 10 potten.

Leg de folie er weer op. Steriliseer de naald opnieuw met vuur nadat je drie potten hebt geïmmuniseerd, om kruisbesmetting te voorkomen indien één van de potten niet op de juiste manier is gesteriliseerd.

Wanneer de potten zijn geïmmuniseerd, breng je de randen van de folie samen en drukt je ze stevig op elkaar, zodat je een goede top van aluminiumfolie krijgt. Noteer de inentingsdatum en de soort / stamgegevens op de folie met een viltstift voor alle oppervlakken. Als de naald tijdens de inentingsprocedure in contact komt met iets anders dan het folieoppervlak van de basisfolielaag, moet je de punt onmiddellijk opnieuw met vuur steriliseren.

Hoe zou je de substraatpotten met sporen infuseren?

- Controleer je substraatpotten op vervuiling.
- Desinfecteer je werkomgeving, was je handen en zet een masker op. Handschoenen zijn aangewezen.
- Zet alle benodigdheden klaar: sporenspuit, brander, potten en folie.
- Maak de sporenspuit klaar.
- Verwijder de folie van de afdekking. Als je enkel folie hebt gebruikt, verwijder dan alleen de bovenste laag folie.
- Steek de naald van de sporenspuit door de afdekking.
- Haal de naald uit de pot en knijp in de spuit. Hierdoor kunnen de sporen zich over de rand van de substraatpot verspreiden.
- Verhit de naald na elke infusie, maar wacht totdat hij voldoende is afgekoeld voordat je hem opnieuw gebruikt.
- Injecteer de pot op vier plaatsen dicht bij de rand en eventueel in het midden.
- 1 ml sporenarrangement per pot is voldoende (als je potten van 240 ml hebt gebruikt).
- Dek de substraatpot na inoculatie af met folie.
- Herhaal stap 5 t/m 13 voor de PF-Tek substraatpotten.

Incubatie

De potten moeten worden bewaard bij 21-27 ° C (70-81 ° F): hoe warmer, hoe beter, maar niet boven de 27 ° C. Je kunt ook een broedmachine bouwen voor de potten.

Incubator: De geïmmuniseerde potten groeien het snelst als ze worden bewaard bij een temperatuur van 27 ° C (80 ° F). De beste incubatietemperatuur voor P. Cubensis zou 86 ° F zijn, maar aangezien de potten zelf een paar graden warmer zijn dan de omgevingsfactoren (mycelium straalt warmte uit tijdens het groeien), is 80 ° F een goede en veilige incubatortemperatuur.

Je kan een werkende broedmachine maken door twee plastic dozen van vergelijkbare grootte en een aquariumradiator te gebruiken. Er zijn een paar soorten aquariumradiatoren. Let er bij de aankoop van een radiator op dat deze van het type "volledig onderwater" is.

Maak de radiator vast aan de onderkant van de behuizing en giet er 27 ° C warm water over tot de verwarmer onder gaat. Stel de binnenregelaar van de radiator af, zodat hij zichzelf afsluit bij 27 ° C.

Plaats enkele afstandhouders op de bodem van de container; dit zijn objecten die de hieronder besproken doos dragen en ervoor zorgen dat die niet in contact komt met de radiator. Op de bovenstaande afbeelding worden hiervoor vier potten gebruikt. Je kunt ook blokken, stenen of iets dergelijks gebruiken.

Meet de temperatuur na een paar uur opnieuw en pas indien nodig de radiator aan, zodat de watertemperatuur **27 ° C** is. Als de container leeg is, zal hij op het water drijven.

Nu kan je de geïmmuniseerde potten in de doos plaatsen. Bedek de potten met een afdeksel om hun warmte te bewaren en ervoor te zorgen dat ze donker blijven.

Noot: Het waterpeil zal soms zakken door verdamping. Daarom moet je om de zoveel tijd wat nieuw water toevoegen om het waterniveau hoog genoeg te houden. Laat nooit zoveel water verdampen dat de verwarming niet meer onderwater staat.

Als je de potten warm houdt, zou je de eerste tekenen van ontkieming na 3-5 dagen moeten zien, in de vorm van felwitte deeltjes. Dit is mycelium. Als er iets ontwikkelt dat niet wit, maar bijvoorbeeld groen, donker of roze is, zijn de potten vervuild en moet je hun inhoud wegwerpen en voortaan nauwkeuriger te werk gaan bij het volgen van de procedure. Als de potten geledigd zijn en gewassen met reiniger en heet water, kan je ze opnieuw gebruiken.

Afhankelijk van de temperatuur en de sporenspuit, duurt het 12-28 dagen voor het mycelium de hele pot koloniseert. Eenmaal de potten gekoloniseerd zijn, bewaar ze dan gewoon op kamertemperatuur: ongeveer 21°C (70°F).

Probeer de potten niet te openen om daglicht te beperken. Indirect daglicht (= het gewone licht dat een kamer verlicht bij het aanbreken van de dag) of een lamp met een laag wattage (koel wit tl-licht is perfect, stralend licht is minder aan te bevelen) voor 4-12 uur per dag is voldoende.

Binnen de 5-10 dagen (bij bepaalde soorten paddenstoelen kan dit echter wel 30 dagen duren) zouden er zich myceliumcollecties ter grootte van een speldenkop moeten vormen. Deze knopjes signaleren het begin van de ontwikkeling van paddenstoelen. De komende dagen zullen er meer kleine paddenstoelen met aardekleurige hoedjes verschijnen. Dit moment is een ideale gelegenheid om de cake eruit te halen en te verplaatsen naar het vruchtvormingscompartiment waarin de paddenstoelen zich zullen ontwikkelen.

In sommige gevallen verschijnen er geen knopjes. Plaats in dit geval de gekoloniseerde pot in een plastic zak in de ijskast om de vruchtvorming te versnellen en ga de volgende dag verder met de vruchtvorming, ongeacht of de cake knopjes vertoont of niet. Door virussen op deze manier te doen schrikken, help je je cake om te gaan 'kleven' zoals het hoort.

Noot:

Het volledige kolonisatieproces van het PF-Tek substraat kan tot een maand duren, afhankelijk van de omstandigheden. Na drie tot zeven dagen zal je de eerste tekenen zien van het groeien van het mycelium. Dit kan je zien aan de witte draden die ontwikkelen op de plekken waar je de sporen ingespoten hebt. Wanneer de hele pot wit is door het mycelium, is het optimaal om nog ca. één week te wachten zodat het substraat binnenin ook helemaal gekoloniseerd is.

Controleer de substraatpotten tijdens het incubatieproces op pollutie. Een vervuiling kan je herkennen aan de onderscheidende kleur van het groeiende mycelium. Het mycelium is wit, vervuilingen kunnen groen, oranje, felgeel of donker zijn. Als je vervuiling in een pot vindt, moet je het substraat meteen weggooien. Was je handen meteen daarna en ontsmet de pot en zijn omgeving. Registreer welke pot vervuild raakte, na hoe lang dit merkbaar werd, en hoe de vervuiling eruitzag.

Wanneer het mycelium het hele PF-Tek substraat heeft gekoloniseerd, is de kans op besmetting zeer klein. Het mycelium is een levende levensvorm, die zelf tegen talrijke vervuilingen strijdt en tracht te overleven.

Vruchtvorming

De vruchtvorming van de cakes kan plaatsvinden in om het even welk soort compartiment dat afgesloten kan worden en in ieder geval één doorzichtige zijde heeft, idealiter bovenaan. Geschikte recipiënten hiervoor zijn een plastic beker, een Rubbermaid pot, een terrarium of een aquarium.

Doe een laag van ½ **inch** bevochtigd perliet (pdf) of uitgezette aardepellets of zelfs een nat stuk keukenrol onderin het compartiment en breng de cakes op deze laag door ze uit de pot te laten glijden.

Anderzijds zou je ook eerst een verpakkingslaag kunnen aanbrengen. Soms glijdt de cake niet goed uit de pot zonder iemands hulp. Je hoeft alleen maar de gekoloniseerde pot om te draaien en de hand waarmee je de pot omklemt voorzichtig tegen de palm van de andere hand te slaan. Hierdoor glijdt de cake tegen de bovenkant en komt hij gemakkelijk tevoorschijn. Als je een grotere vruchtkamer hebt (een grotere plastic houder of terrarium) kan je er meer dan één cake voor een organisch product in plaatsen.

De ruimte tussen de cakes moet in ieder geval 2 inch (5 cm) zijn, zodat de paddenstoelen ruimte hebben om te groeien. Neem het vel er één keer per dag af en waaier er wat circulatie in met een stukje karton. Als de basislaag uitdroogt, overgiet hem dan met wat water om hem klam te houden, aangezien deze laag vocht aan de lucht geeft zodat die vochtig blijft. Probeer de cakes niet te rechtstreeks met water te bespatten.

Raak de cakes zo weinig mogelijk aan. Als je ze wel aanraakt, was je handen dan grondig. Gedurende de volgende 7-14 dagen zullen de cakes beginnen te plakken (als ze nog niet in de potten zijn blijven plakken) en zullen de kleine paddenstoelen enorm worden in slechts 2-5 dagen tijd en zodra hun hoed opengaat, kunnen ze worden geoogst.

Deze synchrone ontwikkeling van alle paddenstoelen staat bekend als een **flush**. Nadat de paddenstoelen groot zijn geworden, blijven er doorgaans een paar kleine, onontwikkelde paddenstoelen over; ze worden **'prematurely ends'** genoemd. Ze zijn te herkennen aan hun zwartachtige hoeden en het feit dat ze vroeg of laat stoppen met groeien. Toch kan je ze gebruiken, behalve als ze bedorven zijn.

Het is cruciaal dat je na de flush alle paddenstoelen oogst, ook de 'prematurely ends'. De handigste manier om dit te doen is als je de paddenstoelen oogst door ze met schone handen zachtjes draait en losmaakt van de cake. Als alternatief kun je de cakes na elke flush onderdompelen en dit kan de flushgrootte vergroten.

Nadat er zich de dagen nadien weer kleine paddenstoelen beginnen te vormen en ontwikkelen, kan deze cyclus zich meermaals herhalen, soms aanzienlijk vaker. Daarna is de cake op; hij creëert geen paddenstoelen meer en kan worden weggegooid. Cakes kunnen ook worden gebruikt om buiten een bedje aan te leggen. Soms vallen groene levensvormen de cakes aan, zelfs voordat ze op zijn. Als dit het geval is, moet je de bevuilde cakes onmiddellijk weggooien om de verspreiding van de bederf te voorkomen.

De teelt

Fundamenteel: gekoloniseerde substraatpotten, vork / lepel, afdekking, kweekpack, papiersnijder, plantenspuit, handschoenen, desinfecterende opstelling, gasmasker, vermiculiet en perliet zijn aangeraden

Als het PF-Tek-substraat zich na een maand volledig heeft ontwikkeld en geen verontreinigingen bevat, is dit de ideale gelegenheid voor het laatste deel van de PF-Tek-strategie, d.w.z.

de substraatcakes klaarmaken voor het groeien van paddenstoelen. Je moet eerst de cakes uit de pot halen om de paddenstoelen van het substraat te ontwikkelen.

- Open de voorkant van het PF-Tek-subtraat of verwijder de folie.
- Verwijder voorzichtig het vermiculiet van de PF-Tek-cake met behulp van een steriele vork. Het kan zijn dat je hier mycelium vindt en dit mag je samen met het vermiculiet verwijderen.
- Neem een afdeksel of bord dat iets groter is dan de substraatpot en zet dit op de pot.
- Neem de pot en tik het substraat voorzichtig los.
- Laat het substraat uit de pot dwarrelen en op het afdeksel of bord vallen.
- Leg je PF-Tek cake op het afdeksel in de kweekzak. Er is normaalgezien genoeg plaats voor twee taarten in één kweekzak.
- Spuit met de plantenspuit wat water in de kweekzak om de luchtvochtigheid op peil te krijgen.
- Herhaal stap 1 tot en met 7 voor al je PF-Tek-cakes.

Beste omstandigheden voor ontwikkeling van paddenstoelen:

- De optimale temperatuur voor je paddenstoelenteelt is 24 graden Celsius.
- Houd de luchtvochtigheid in de paddenstoelenkweekzak op 95%.

- Verfris de lucht voordat je de zak weer sluit, voor een voldoende hoeveelheid zuurstof en niet al te veel koolstofdioxide.
- Voldoende licht, maar geen direct daglicht.

Binnenkort kan je paddenstoelen oogsten uit je handgemaakte PF-Tek-ontwikkeleenheid!

Na de eerste spoeling:

Oogst iedere paddenstoel. Inderdaad, zelfs de allerkleinsten. Na de primaire flush moet je de substraatcakes opnieuw doordrenken voor de volgende flush. Zo zal het substraat voldoende vocht hebben voor een volgende paddenstoelenbloei.

1. Neem een perfecte container of kom met schoon drinkwater.
2. Plaats je PF-Tek cake in het water en zorg ervoor dat hij ondergedompeld blijft.
3. Laat de PF-Tek cake twaalf uur intrekken.
4. Haal de PF-Tek cake uit het water en zet deze terug in de kweekzak.
5. Je kunt ongeveer vier flushes paddenstoelen oogsten uit zo'n PF-Tek cake.
6. Na iedere oogst, na de pluk van de paddenstoelen, kan je stap 1 tot 5 herhalen.

'Dunk and roll'

Een andere strategie is om de cake snel onder te dompelen in de pot en het door vermiculiet te bewegen. Sommige mycologen observeren verbeterde resultaten bij deze techniek. Het vermiculiet zorgt ervoor dat de vochtigheid meer verspreidt beetje bij beetje.

1. Neem een perfect keteltje met schoon drinkwater.
2. Doe je PF-Tek cakes in het water en verzeker dat ze onder blijven.
3. Laat de PF-Tek cake twaalf uur ondergedompeld worden.
4. Neem een perfect bord en besprenkel het met vermiculiet.
5. Neem de PF-Tek cake uit het water en beweeg het door het vermiculiet.
6. Herhaal stap 1 tot 5 voor alle cakes.
7. Rol de cake enkel door vermiculiet terwijl je je voorbereid op de primaire flush. Na de eerste flush volstaat het om de PF-Tek nat te maken voor de volgende flush. Rollen is dan niet noodzakelijk.

Tip: Als je verschillende PF-Tek potten gebruikt, kan je beide methoden uitproberen. Gebruik de **'Dunk and Roll'** techniek voor de helft van je potten. Op deze manier kan je vergelijken en ontdekken welke strategie het beste werkt voor jou.

Hoofdstuk 10

Flat Cake Tek

Benodigdheden:

- Ovenschaal (enkel glas) met plastic deksel (merk Pyrex)
- Vershoudfolie
- Vermiculiet
- 3 volledig gekoloniseerde PF-cakes veertien dagen na 100% kolonisatie
- Naald
- Gedistilleerd water
- Vork

Instructies:

1. Steriliseer eerst je werkgebied met een rijkelijke hoeveelheid Lysol-desinfectiemiddel. Gebruik daarna ontsmettingsalcohol om je tafel te steriliseren. Gebruik ten slotte schuurmiddel om uzelf en alle apparaten waaraan je werkt schoon te maken.

2. Steriliseer op voorhand vermiculiet gedurende ca. 25-een uur op 325 graden.

3. Haal nu de inhoud uit de potten. Verwijder eerst de vermiculietlaag en gebruik drie potten voor elk niveau van de schotel.

4. Verwijder jonge kopjes die op de cakes zijn gaan groeien. Verdeel de cakes nu in kleine stukjes ter grootte van een erwt. Je haalt de cakes bijna helemaal uiteen.

5. Vervolgens meng je wat water met het vermiculiet. Zorg dat het doordrongen is, niet nat. Het is mogelijk dat er alleen een druppel uitkomt als je een stukje plet tussen je vingers.

6. Gebruik de vork om de mycelia gelijkmatig te verdelen. Zorg ervoor dat dit zo gelijkmatig mogelijk gebeurt, dit zal later helpen.

7. Verdeel dan het vermiculiet gelijkmatig over de cakes, de mycelia helemaal bedekkend. Ga met je handen door het vermiculiet om te verzekeren dat het op alle plekken knus zit.

8. Doe de plastic folie over de goulashschaal en prik willekeurig 10 of 12 openingen in de plastic folie. Geef je bord nu ook een label. Op deze afbeelding zie je de schaal met daarover plasticfolie, vermiculiet, een label, en gemaakt klaar voor de incubatie.

9. Laat uiteindelijk je schalen gedurende drie tot vijf dagen broeden in totale duisternis totdat de **mycelia** aangegroeid is en het er weer uitziet als een volledig gekoloniseerde PF-pot. De stukjes die je uit elkaar hebt getrokken, zullen één worden en lijken nu op één cake.

10. Probeer geen licht toe te laten in de incubatieruimte en gebruik geen verwarmingskussens.

11. Als de schalen klaar zijn, haal de inhoud er dan uit door de bovenste laag van de vermiculiet te verwijderen en gebruik daarna een vork om de cake voorzichtig van de rand van de ovenschotel af te trekken. Draai de cake nu om op de plasticfolie en het deksel van de schaal.

Tip: als je het bord in de houder plaatst, is het een goed idee om de vershoudfolie te gebruiken als 'terrarium divider'. Het helpt de paddenstoelen enorm.

Hoofdstuk elf

Rye Grain Tek

Dit is een rechttoe rechtaan soort graan-Tek. Ik gebruik graag rogge. De rogge houdt meer water vast, dus het kan grotere bloei leveren dan andere substraten. Wij hebben allemaal onze eigen specifieke manieren om dingen te doen. Dit is precies wat ik doe.

1. Eerst maak ik het graan klaar door het in een zeef te plaatsen en het residu er beker per beker van af te schudden. Doe dan wat graan (of rogge, in mijn geval) in een "quart jar". Vul de pot met water en laat het 24 uur doordrenken. Mijn redenering hierachter is dat de endosporen van microben, die op granen kunnen zitten, de snelkoker kunnen overleven. Daarom laten we die kleine ettertjes eerst groeien, en daarna doden we ze met de snelkoker.

2. Neem de rogge en giet het water eruit. Je zult zien dat het pisgeel is geworden. Neem dan het graan en doe het in een pot. Voeg water toe, zodat het graan goed zit, en laat het 40 tot 45 minuten stoven. Je zult zien dat een deel van de roggekorrels begint te ontploffen, en dat het graan aardekleurig wordt en aanzienlijk opzwelt.

3. Giet het water eruit, doe het graan in een zeef en laat het doorlopen. Ik spoel het graag af na het stoven.

4. Doe nu de rogge in de potten. Ik vind 'quarts' leuk, dus dat is het materiaal dat ik gebruik. Laat bovenaan de pot voldoende ruimte vrij om het graan rond kunnen te schudden. Ik had geen potten met alleen graan, maar je snapt het wel. Er moet geen extra water aan de potten worden toegevoegd, alleen het graan. Ik prepareer mijn potten graag met de metalen deksels en daarna de band.

Ik vind deze Tek leuk om een aantal redenen. Hij is ideaal om voor te bereiden en eenvoudig te maken in een uur tijd. Je kunt voor altijd genoeg schalen maken. Snelkook de potten nu gedurende 1 uur op **15 psi** en laat ze afkoelen. Een kleine tip: als je ze eruit haalt wanneer ze nog warm zijn en ze eens schudt, zullen ze niet gaan samenklonteren als ze afkoelen.

5. Als de potten afgekoeld zijn, voeg ik ergens tussen de 2 en 3 mil toe aan elke pot. Twee als ik de spuit gemaakt heb, drie als ik er een kreeg om een soort aan het assortiment toe te voegen. Ik duw de naald rechtstreeks door de Tek door de kleine opening in het metalen deksel. Het is eenvoudig om de opening te ontdekken als je de pot schuin houdt bij een lichtbron. Ik overdek ze met een verband aangezien ze nu steriel zijn.

6. Als de potten helemaal geïnfuseerd zijn, schud ze als een malle. Meng ze zo goed mogelijk, zodat de sporen in alle hoeken van de pot verspreid zijn. In de loop van 9 dagen à max. 3 weken zullen je potten zich ontwikkelen.

7. Maar je verpakkingslaag met het material van jouw keuze. Laat ze dan 4 tot 7 dagen in de couveuse zitten.

De gemiddelde totale tijd tussen het moment dat ik ze infuseer en de oogst is 4 tot 5 weken met deze graan-Tek.

Hoofdstuk Twaalf

Popcorn Tek

Popcorn-Tek is niet zo beroemd als sommighe andere methodes. Sommige kwekers, voornamelijk onervaren beginners, gaan ervanuit dat paddenstoelen niet zo goed koloniseren op popcorn als op rogge. Anderzijds rekenen mensen die deze strategie gebruiken net op de accuraatheid en eenvoudigheid ervan. Popcorn-Tek is een rustige, bescheiden en open manier om verschillende soorten magische paddenstoelen voort te brengen. Deze gids legt beginners stap voor stap uit hoe ze hun magische paddenstoelen kunnen doen groeien met popcorn.

Popcorn-Tek materialen en benodigdheden:

Raak niet in de war: de onderstaande items dienen voor de inspuiting. Meer benodigdheden zullen in andere stadia gebruikt worden.

- Snelkoker
- Potten met een grote opening, elk 1 quart

- Plakband
- Polyfill – wordt gebruikt als vulling in maandverbanden
- Latex handschoenen
- Ontsmettingsalcohol
- Zeef
- Aluminiumfolie
- Handreinigingsmiddel
- Aansteker
- Lysol (luchtreiniger en ontgeurder)
- Sporenspuiten met sporen van je gewenste soort
- Alcoholbrander of bunsenbrander

'Grain spawn' maken van popcorn

Na het klaarzetten van de benodigdheden, is de belangrijkste stap het drenken van twee pakken popcorn. Doe twee pakken ongekookte popcorn in een kom en giet er water overheen totdat het een stukje boven de hoogste popcorn uit komt. Laat de ongekookte popcorn 24 uur doordrenken. Twee zakken popcorn zijn voldoende om zeker zes potjes te vullen.

Terwijl je je popcorn drenkt, maak je de potten klaar voor de volgende stappen. Maak twee gaten in de deksels - een grote in het midden, en een kleintje richting de rand. Dit kan je bereiken door voorzichtig op een spijker te slaan of de deksels met een schroevendraaier te doorboren.

Het grote gat binnenin dient voor Polyfill. Het maakt gasuitwisseling mogelijk omdat CO_2 uit de pot kan ontsnappen zonder dat er verontreinigende stoffen naar binnen komen. De kleinere opening is voor de sporenspuit.

Stop de Polyfill in de middelste opening en plak een stukje plakband over de kleinere opening. Sommige mensen gebruiken hiervoor Micropore-tape om het beter doorlaatbaar te maken.

Nadat je de popcorn 24 uur hebt laten weken, gooi je ze in een zeef en spoel je ze snel af. Doe die popcorn in een pan gevuld met nieuw water dat tot boven de hoogste popcorn reikt. Zet de pan op het vuur en verwarm het water tot het kookt.

Zorg ervoor dat het 40 minuten lang zachtjes blijft borrelen. Roer af en toe om te voorkomen dat popcorn aan de onderkant van de pot oplost.

Controleer de maïsjes na 40 minuten. Ze zijn klaar als ze makkelijk tussen je vingers kunnen worden geplet. Wanneer de popcornmaïs deze delicate toestand heeft bereikt, zet je de oven uit en zeef je de hete popcorn. Roer ze gedurende 15 tot 20 minuten totdat al het water verdwenen is en de korrels droog aanvoelen. Het doel hiervan is voorkomen dat er teveel water in de potten komt.

Vul de pot voor 2/3. Sluit dan het deksel. Als alle potten klaar zijn, overdek ze dan met strakke aluminiumfolie.

Plaats de potten in de snelkookpan en begin met koken. Wacht totdat de druk **15 psi** bereikt en laat de klok 50 minuten lopen. Zet daarna de warmte uit en laat de potten even afkoelen.

Popcorn 'grain spawn' inspuiten:

Maak het werkgebied klaar terwijl de potten afkoelen. Reinig de zone met een rijkelijke hoeveelheid Lysol om microben te doden. Nadat de potjes zijn afgekoeld, kun je de popcorn immuniseren. Je hebt de bijbehorende benodigdheden nodig:

- Potten gevuld met popcorn
- Plakband
- Aansteker
- Opgevouwen keukenrol
- Sporenspuit met de top er nog op
- Handschoenen
- Handreinigingsmiddel

Waak vanaf dit moment over de netheid om de kans te verminderen op besmetting die de paddenstoelen kan vernietigen. Veeg oppervlakken af met stukken keukenrol die nat zijn gemaakt met ontsmettingsalcohol. Zorg ervoor dat je je handen reinigt met ontsmettingsmiddel en trek de handschoenen aan.

Pak de injectiespuit en schud hem even hard om de sporen in de injectiespuit te verspreiden en eventuele sporenbundels los te maken. Steek een vuur aan en verwarm de spuitnaald door die in de buurt van het vuur te houden totdat hij intens heet wordt. Laat de naald afkoelen totdat deze niet meer roodgloeiend is. Verbreek nu het plakband van je eerste potje. Richt de naald naar de binnenkant van de pot. Infuseer slechts **2 ml** vloeistof uit de sporenspuit.

Verwijder de spuit en dek de opening die je hebt doorboord af met een nieuwe laag plakband. Zet de pot op een veilige plek en herhaal de procedure totdat je alle potten hebt ingespoten of totdat je sporen op zijn.

Als alle potten klaar zijn, plaats je ze in een kast waarin ze niet gestoord worden door de zon en van een lage temperatuur kunnen genieten. Houd de temperatuur rond de **73 graden Fahrenheit**.

Mycelium zou binnen 5 à 14 dagen moeten ontwikkelen. Volg de ontwikkeling en vooruitgang totdat de potten voor **70%**

gevuld zijn met mycelium. Schud ze heen en weer zodat het mycelium zich door de pot kan verspreiden. Wacht na het koloniseren van de hele container nog vijf dagen om er zeker van te zijn dat de popcorn in het midden ook bedekt is.

Substraat inspuiten met Popcorn 'grain spawn':

Je kan elk substraat kiezen dat je voordelig en vruchtbaar vindt. De meest geschikte substraatbeslissingen zijn wellicht zaagsel, houtsnippers en rogge, zolang ze maar gezuiverd zijn. Als je talloze potten hebt vol mycelium, kun je ze in een grote plastic bak gooien die vol zit met je gekozen substraat. Schud de maïskorrels rond om ze te mengen met het substraat.

De volgende tien dagen vult de container zich met mycelium. Verschaf af en toe buitenlucht door de containers in een ruimte te plaatsen waar er wat natuurlijk licht is, drie keer per dag voor telkens 30 minuten. Het doel hiervan is om buitenlucht te verschaffen en de CO_2 weg te halen. Maak je niet te druk over vervuilingen, want nu is het mycelium niet meer zo delicaat.

Na een halve maand zal je zien dat er zich paddenstoelen vormen in de container. Ze beginnen als speldenknopjes maar ontwikkelen zich later tot grote, volwassen magische paddenstoelen.

Hoofdstuk dertien

'Fast Food of the Gods'-methode

Zoek een Rubbermaid-houder die in je microgolf past. Iedere stap zal plaatsvinden in deze ene recipiënt. Doe onderin twee US cups vermiculiet. Gebruik een spatel om er zoveel water bij te mengen dat het vermiculiet zo gesatureerd mogelijk is zonder doorweekt te voelen (meestal een US cup) De volgende droge ingrediënten kan je gebruiken, elk om beurt of samen. De bedoeling hierachter is om de natte vermiculietdeeltjes te bedekken met het droge poeder terwijl je het mengsel met een spatel mixt. Het klinkt onbelangrijk, maar heeft een merkbaar effect.

Ingrediënten:

- 1/4 cup aardekleurig rijstmeel
- 1/2 theelepel dextrose
- 500 mg glycine

- 1/2 theelepel schaaldierenschaalpoeder
- 1/2 theelepel 'follow minerals' (gipspoeder kan werken)

Waar vind je deze spullen? – Alles hiervan is verkrijgbaar in winkels voor gezonde voeding. Dextrose is ook verkrijgbaar in winkels voor wijn- of lagermakers, voor diabetici.

Eenmaal je het mengsel hebt gemaakt, bedek dan deze lag met **"1/2 op 1"** droog vermiculiet. Stop de container gedurende 8 minuten in de microgolf met het deksel er een beetje af. Laat afkoelen in de microgolf. (Als je het eruit halt en het deksel sluit, zal het deksel naar binnen gezogen worden.) Nu ben je klaar om te immunizeren.

Ik verkies inspuiting met mycelium water. Veel anderen, daarentegen, opteren voor sporenwater; dit kan allebei werken. **Mycelium water** is echter een stuk sneller en loopt minder kans om besmet te worden. Injecties bij de randen en een paar in het midden (5-15cc) zorgen ervoor dat je snel vorderingen ziet.

Wikkel aluminiumfolie rond de container tot de hoogte van de hoogste vermiculiet. Zet het op een plank en hou de pot in de gaten. Na ongeveer drie weken zullen er organische producten verschijnen in de pot (aan 75 Farenheit). Na de flush, spuit er nog ca. **50cc** water bij. Als het er oud en verpest uitziet, doe er dan gesteriliseerde vlaai van melkvee bij en meer water. Dan kan je een nieuwe flush krijgen.

Waarschuwing: brandgevaar – Kwekers moeten de microgolf voorzichtig in het oog houden om ervoor te zorgen dat het substraat niet uitdroogt, en wees extra voorzichtig wanneer je een microgolf voor het eerst gebruikt.

Hoofdstuk veertien

Psilly Simon's methode

Deze procedure is een combinatie van de rijstcake-methode en de Oss- en Oeric-methodes, en duurt ongeveer anderhalve maand. De onderscheidende eigenschap van deze techniek is dat de sporen direct op het roggemedium worden gedropt, in plaats van ze eerst op agar te ontwikkelen. De agarstap dient ervoor om de steriliteit te vergroten en ervoor te zorgen dat slechts één soort dikaryotisch mycelium de rogge doordringt. Met de rechtstreekse sporentechniek, daarentegen, worden talloze soorten gedwongen om het uit te vechten in de rogge, waardoor de sterkste uiteindelijk de baas wordt in de pot en het natuurlijke materiaal. Ik heb nooit steriliteitsproblemen gehad met snelle sporeninoculatie als er maar een redelijk schone sporenprint wordt gebruikt. Het gaat meestal om basisbenaderingen om dingen schoon te houden zonder een steriele doos te bouwen.

Uitrusting:

- **Drukvat**: geschikt voor het ondersteunen van 15 pond gewicht. Grootte maakt niet uit zolang je uiteindelijk alle potten kunt doen.

- **12 inmaakpotten met wijde opening, in 'quart' maat**: Tijdens het inmaakseizoen zijn ze op elke markt te vinden. Tijdens andere jaargetijden zijn ze lastiger te vinden.

- **Sporenprint**: FS Books heeft geweldige prints. Kijk op High Times voor de locatie.

- **1200 ml echte graanrogge**: Geen dierenvoer! Koop het bij een welzijnswinkel. Rogge is beter dan rijst, omdat rijst aan de zijkanten van de potten kleeft, waardoor je niet meer kunt zien wat erin groeit.

- **Eén zak plantgrond**: turfgroen / perliet / alleen vermiculietmengsel (geen aarde)

- **Piepschuimkoeler:** Groot genoeg voor alle potten

- **Transparante / doorschijnende plastic plaat**: Je kan plexiglas of gebruiken of in een goede kluswinkel op zoek gaan naar platen om fluorescentielampen mee te bedekken. Ze kunnen probleemloos met een schaar worden versneden.

- Lysol Shower

- Zip Lock-zakjes voor sandwiches

- Antibacteriële reiniger

- Stevig pincet met Zirconia

- Schraper

- **Vuurbron:** aansteker, liquor light et cetera

- Vershoudfolie en aluminiumfolie

- 1 gallon gedistilleerd water

- Douchefles

1) Was de potten met een antibacteriële reiniger. Gebruik een vaatwasser als je die hebt. Het is niet cruciaal om ze nu honderd procent schoon te maken, wees gewoon netjes.

2) Voeg 100 ml rogge en 175 ml gezuiverd water toe aan 3 inmaakpotten. Sluit de potten met het deksel. De deksels blijven zo gedurende de rest van het proces. Hou de afdekking losjes, maar wel veilig.

3) Meng in een smetteloze recipiënt wat aarde met zuiver water totdat het elastisch aanvoelt en geen water lekt. De aarde moet nat maar niet vloeibaar zijn. Je hebt "verzadigde grond" nodig, geen modder. Meng genoeg van de aarde om een inmaakpot te kunnen vullen. Probeer de grond er niet in te proppen, laat het gewoon in de pot vallen totdat hij vol is. Schroef het deksel niet te hard, maar wel veilig vast.

4) Plaats de drie roggepotten en de aardepot in de inmaakketel. Hoe meer potten je erin kunt passen, hoe meer tijd je bespaart. Zorg ervoor dat je één pot aarde klaarmaakt voor

elke 3-4 potten rogge. Volg de handleiding van je inmaker om de potten een uur lang op 15 pond te steriliseren. Indien mogelijk is het slim om de stoom een beetje te laten ontwikkelen voordat je de klep sluit. Het is niet nodig om gezuiverd water te gebruiken in de inmaker.

5) Laat de inmaakketel afkoelen tot kamertemperatuur. Als het veilig is om aan te raken, kun je de potten eruit halen en apart laten afkoelen. De poten moeten afgekoeld zijn tot kamertemperatuur voordat je verder gaat. Bewaar de aardepot op een schone plek en schroef het deksel vast. Schud de roggepotten zachtjes om de rogge los te maken.

6) Herhaal stap 2-5 totdat alle potten klaar zijn. Je zou één pot met steriele aarde moeten hebben voor elke 3-4 potten met steriele rogge.

7) Dit is het moeilijke deel. Veel mensen klagen over vervuilingen. Als je de potten echter op een goede manier inspuit, zal je niet op problemen stuiten. Ik heb deze procedure gebruikt voor mijn laatste set van 12 potten en GEEN ervan is vervuild geraakt! Probeer de deksels zo weinig mogelijk te open. Probeer bovendien niet boven de potten te blijven staan. Ze worden voor korte periodes geopend.

Neem een douche. Veeg je werkgebied af en maak het schoon met een antibacteriële reiniger. Overgiet het met Lysol. Draai het deksel los, maar laat het op de pot liggen. Maak je handen opnieuw schoon met een antibacteriële reiniger.

Leg de sporenprint klaar. Probeer hem niet uit de verpakking te halen. Brand de schraper en het pincet tot ze roodgloeiend zijn. Laat ze dan afkoelen. Het pincet wordt gebruikt om de zak vast te houden en te openen terwijl de schraper sporen verzamelt. De sporenprint verlaat nooit zijn zak. Let op: gebruik geen Lysol in de buurt van open vlammen.

Eenmaal je snel een aanzienlijke hoeveelheid sporen hebt weggeschaapt, breng ze dan op de schraper naar een pot. Je kunt grote sporen zien. Er is niet veel voor nodig. Open de pot net genoeg om de schraper erin te steken en de sporen erin te laten vallen. Sluit het deksel en schroef hem stevig vast. Als alles goed is, is het deksel zojuist slechts ca. 2 seconden geopend, onvoldoende om de pot te vervuilen. Als alle potten ingespoten zijn, schud je ze totdat alle rogge loskomt en de sporen zijn verspreid. Maak de deksels wat losser.

8) Plaats de roggebakjes in de piepschuimkoeler, sluit de bovenkant en pauzeer. Het duurt een à veertien dagen voordat het mycelium (pluisjes) de potten gevuld heeft. Er verschijnen kleine trossen witte pluisjes in de potten. Wanneer de ontwikkeling ongeveer halverwege is, verzadig je de potten en laat je de pluisjes weer ontwikkelen. Rogge is zeer droog en kan **100 ml to 175ml** water aan, tot tweemaal. Evenzo gebruikt het minder rogge, waardoor de potten sneller gekoloniseerd raken. Meestal duurt het tien dagen. Als je op om het even welk moment niet-witte pluisjes of niet-rogge smurrie in de pot ziet, is die vervuild. Gooi de pot weg. Je hebt er niets meer aan en de inhoud is niet meer consumeerbaar. Het kan dodelijk zijn of

erger. Wees koelbloedig. Dit is de reden dat je 12 potjes hebt gemaakt, zodat je er indien nodig een paar kunt weggooien. Normale temperatuur volstaat gedurende de hele ontwikkelingscyclus, maar bewaar ze niet naast radiatoren of koeling. Desalniettemin bevelen een paar bronnen aan om de kamertemperatuur op **85 graden (f)** te houden.

9) Als alle potten klaar zijn, haal ze dan uit de koelbox. Leg nu een laagje steriele aarde op de rogge. Dit heet "**packaging**". Er zijn twee verschillende manieren om dit te doen zonder de steriliteit in het gedrang te brengen:

A: Je kan de koeler op zijn zij draaien, de binnenkant en de opening met huishoudfolie bedekken en twee openingen in de folie over de opening snijden om zo een steriele werkdoos te maken. Dan zou je de aarde in de potten kunnen doen in die doos, met je handen (die je hebt schoongemaakt met antibacteriële reiniger) door de openingen. Was de lepel waarmee je de aarde verplaatst na elke pot, zodat eventuele vervuilers niet van pot naar pot gaan.

B: Sluit het deksel van de roggepot stevig. Was de buitenkant van het deksel met antibacteriële reiniger en Lysol. Doe hetzelfde met een pot vol aarde. Maak de deksels los, maar laat ze op de potten liggen. Draai de aardepot ondersteboven terwijl je het deksel erop houdt en plaats deze op de roggepot. De deksels moeten tegen elkaar aan zitten. Reinig het werkgebied. Schuif dan voorzichtig de twee deksels weg, en laat wat aarde in de roggepot vallen. Let er wel op dat er niet teveel kan vallen. Het kan zijn dat het niet nodig is om de deksels helemaal weg te schuiven om de aarde te doen vallen. Schuif de deksels er terug op als de rogge op zijn plek zit.

10) Snijd de plastic plaat zodat hij over de koeler past. Was en ontsmet de plaat. Bedek elke pot met aluminiumfolie tot aan het hoogste punt van het aarde. Verwijder alle deksels en plaats tegelijkertijd een ziplockzakje over de opening. De opening van de zak moet de opening van de pot bedekken. Op deze manier kan er lucht naar binnen komen, maar is de pot toch beschermd. De lucht in de potten kan je makkelijk laten circuleren door ze voorzichtig heen en weer te schuiven over de container. De potten kunnen worden bewaterd door de tuit van een douchefles onder de rand van de verpakking te houden. Op deze manier wordt de pot zelden onthuld. Plaats alle omhulde potten in de koeler en bewaar die op een smetteloze plek. Ik heb ontdekt dat deze laag gesteriliseerde grond de weg naar steriliteit is. De plastic afdekking houdt zeker niet zoveel buiten. Elke keer je het opent, komt er een breed scala aan residuen binnen. Ik heb GEEN steriliteitsproblemen gehad met potten waarbij ik aarde gebruikte. Verwijder nooit meer verpakking dan noodzakelijk om de tuit van de bewateraar erin te steken. Laat lucht door de potten circuleren zoals afgebeeld, stof wordt niet in de pot gezogen.

11) Op dit punt moeten de potten elke dag met zuiver water worden bespat. Probeer het niet te nat te maken. Na ongeveer een week zou je moeten zien dat er mycelium aan de randen van de pot begint te clusteren. De volgende week zouden ze nog meer

moeten groeien naarmate ze zich in de aarde ontwikkelen. Voorzie een fijne waterdouche. Als ze te dik worden, zijn ze moeilijker kapot te maken. Probeer niet op de aarde te spetteren, aangezien je zo schimmels zou uitlokken. Ongeveer veertien dagen na verpakking heeft het mycelium van de rijstcake de aarde doordrongen en kan het door het hoogste punt beginnen te dringen.

Als dit gebeurt, moet je de aarde wat natter maken om ze kapot te maken. De koeler zou ongeveer **12-13 uur** licht per dag moeten krijgen via de bovenkant. Het omringende kamerlicht volstaat. Houd het uit direct daglicht, zodat het niet te heet wordt. Blijf controleren of er vervuilingen groeien en wees voorbereid om zulke potten onmiddellijk uit de koeler te verwijderen. Verontreinigingen kunnen moeilijk te herkennen zijn, dus wees voorzichtig. De bekendste schimmels om naar te zoeken zien eruit als een groene vorm of gelig slib. Als een pot vervuild is, controleer dan ook de andere potten die er dicht bij stonden. Ze zijn misschien ook verontreinigd. Daarom is het een slimme zet om de potten zo ver mogelijk uit elkaar te houden in de koelbox. Probeer verontreinigde potten niet te redden; dit is onmogelijk. Als je vervuiling hebt ontdekt, was dan alle containers af met een antibacterieel reinigingsmiddel. Vervang de aluminiumfolie en was en ontsmet de koeler en afdekkingen voordat je de potten vervangt.

12) De eerste paddenstoelenbloei zou binnen de 2-3 weken na het verpakken moeten verschijnen. De pot zal 40-60 dagen lang paddenstoelen blijven leveren. Speldenknopjes beginnen als miniscule witte vlekjes en ontwikkelen zich na een dag of twee tot geschubde paddenstoelen met hoedjes en dikke stelen. Magische paddenstoelen ontwikkelen zich in ongeveer zeven dagen van speldenknopjes tot volle paddenstoelen. Als de rand van de hoed loskomt van de steel, is hij klaar om te oogsten. Gebruik een pincet om de basis van de stengel vast te pakken en de paddenstoel te plukken. Daarbij is het verstandig om het gat dat overblijft te vullen met nieuwe verpakkingsgrond. Hierdoor blijft het natuurlijke product van de pot langer. Het kan gebeuren dat er speldenkopjes onder de aarde dicht bij het glas groeien en nooit de oppervlakte bereiken. Die mag je verwijderen en het gat wordt wederom hervuld. Nadat de eerste flush paddenstoelen zich ontwikkeld heeft en de rogge is weggetrokken van de zijkanten van de pot, bevelen **O&O** aan om de verpakkingsaarde bloot te leggen en het hele ding opnieuw te bewerken. There are a few changes which you will see in the jar as it develops. Bereid je erop voor dat deze dingen kunnen gebreuren als je paddenstoelen in orde zijn. Hieronder vind je belangrijke veranderingen gerangschikt per gebeurtenis, aangevuld met enkele willekeurige aanbevelingen:

- Na het verpakken verschijnen er touwachtige uitschieters dicht bij de rand van het glas in de aarde. In de schaduw krijgen ze een geelachtig aardekleurige tint. Probeer dit niet te verwarren met een ziekte. Ik denk dat de kleur te wijten is aan de supplementen die de uitschieters door de pot verspreiden. Uitschieters in de rogge blijven wit.

- Sommige speldenknopjes zullen verder in de pot belanden, ongeacht de aluminiumfolie. Ze lijken soms geen gevoel van oriëntatie te hebben. Maak je hier niet te druk over. Als je ze probeert te verwijderen, vervuil je hoogstwaarschijnlijk de pot. Ze stoppen vanzelf wel met groeien en keren terug naar het gebruikelijke mycelium.
- Wanneer de paddenstoelen zich aanvankelijk ontwikkelen, zien ze eruit alsof ze dik zijn. Wanneer ze zullen openen, versmalt de stengel dicht bij de top en wordt de hoed ietwat bolvormig. Dit is typisch. Je paddenstoelen gaan dood. Het is dus normaal dat ze dunner worden.
- Ik heb een onopvallend contrast opgemerkt in de manier waarop paddenstoelen op licht reageren. Ze lijken langer te worden in de duisternis en dikker in het licht. Maar misschien ligt dit gewoon aan mijn verbeelding.
- Er zal een kleine lijn verdonkering verschijnen met onder de hoed, net voor de 'lijkwade' openscheurt. Ik denk dat dit door beschadiging komt: magische paddenstoelen worden blauw wanneer ze beschadigd zijn.
- De meeste paddenstoelen ontwikkelen zich dicht bij de ranen van de pot, of zelfs op de pot. Trek je er niet van aan als er clusters wit mycelium beginnen te groeien op de pot. Hier komen de allerbeste paddenstoelen uit voort.
- Als het mycelium de bovenkant van de aarde echt overlaadt, heb ik ontdekt dat het handig kan zijn om hiervoor een extra laagje verpakkingsaarde achter de hand te houden. Dit is misschien overbodig, maar het werkt voor mij.

Hoofdstuk vijftien

Tek voor magische truffels - Truffle Tek

Benodigdheden voor Truffle Tek:

- "Quart" potten met deksels
- Filtermateriaal - gewoon kanaalplaat of poly-fil vulling
- Silicone
- Een substraat, roggegraan (roggebessen), hele haverkorrels (zeker volledige korrels) of zelfs tarwe (tarwebessen)
- Snelkookpan
- Sporen/cultuur van een soort
- Spelden met naalden of 'still-air box', afhankelijk van je strategie voor de inspuiting

Het graan klaarmaken

Het is centraal bij het kweken van paddenstoelen, en bevat voedsel. Terwijl het mycelium zich erdoorheen verspreidt, worden de supplementen en het water vanuit de granen werkelijk deel van het mycelium en sclerotia. Daarom is het belangrijk om granen te gebruiken die rijk zijn aan voedsel, het juiste hydratatieniveau hebben en een goede grootte/structuur die het eenvoudig maakt om de sclerotia van het graan te scheiden.

Roggegraan (roggebessen) doet het in alle omstandigheden het best.

Volledige **haver** komt net daarna op de tweede plaats.

Tarwebessen werken bijna even geweldig om dezelfde redenen en zijn significant goedkoper.

Hoewel **maïs** een slecht graan is voor alle andere mycologiedoeleinden, is het een goed sclerotiagraan, al is het wel duurder en vraagt het om een voorzichtige behandeling.

Vogelzaad volstaat als het goed gespoeld wordt, voldoende gehydrateerd, want de verscheidene zaadsoorten hebben verschillende groottes, en zonnebloempitten worden verwijderd.

Er zijn verschillende manieren om je granen klaar te maken, maar de **methodologie** die we hier voorstellen is rechtdoorzee en mislukt zelden.

Je kan je granen verwarmen in een grote pot met veel extra water, hard borrelend, totdat ze opgezwollen en drassig zijn en makkelijk tussen je vingers barsten. In de mix zitten er echter een heleboel misschien onbekende granen; in ieder geval heb je verscheidene soorten. Sommige hiervan zullen uiteen spatten, maar dat kan geen kwaad. Maak je geen zorgen, behalve als er een groot deel van je graan gebarsten is. Door de korrels hard te verwarmen, wordt het eenvoudig om ze klaar te maken, omdat je ze niet hoeft te mengen - het borrelende water doet dit zelf al.

Als je wil dat er zo min mogelijk granen barsten (ik denk niet dat het veel uitmaakt, maar het is wel prettiger), kies dan voor de meer betrokken strategie waarbij je het graan gaat mengen in zacht borrelend water (sudderen). Je moet wel regelmatig roeren om ervoor te zorgen dat je het graan niet te veel hydrateert en de basisgranen niet laat knappen. Als je niet genoeg roert, zou je kunnen eindigen met **MEER** zulke gebarsten korrels. Onthoud dat dit een langduriger proces zal zijn, aangezien de korrels geleidelijker zullen hydrateren en groeien.

Gebruik zoveel mogelijk water als er in je pan past. Te weinig water zorgt voor moeilijk te koloniseren granen en een slechte opbrengst van sclerotia. Doe de korrels dan in een zeef, **"schud"** ze neerwaarts boven het bad of de gootsteen om het water te helpen weglopen en plaats de zeef daarna in de gootsteen om hem verder leeg te laten lopen. Zeef de korrels goed: schud de zeef op en neer om eventueel overtollig water te verwijderen. Als ze niet meer overdreven nat zijn, zijn ze klaar om te stapelen en te steriliseren als ze klaar zijn met stomen. De kans is groot dat je granen nu vol zijn, volledig gehydrateerd en makkelijk ineen te drukken zijn. In dat geval zullen ze het geweldig doen in de snelkookpan.

Heb je besloten om verschillende methodes te verkennen, waaronder plantenvoeding? In dat geval is er een aanpassing nodig aan deze 'verouderingsperiode' met een warmtebehandeling in het midden.

De potten klaarmaken:

Dit is eenvoudig. Ze moeten steriele luchtfiltratie hebben, zodat de potten kunnen worden afgesloten wanneer je ze onder druk steriliseert. Op die manier kan het overtollige **CO_2** dat door het mycelium wordt ingeademd, naar buiten worden geduwd en door lucht vervangen worden zonder dat er vijandige sporen of microscopische organismen kunnen binnendringen. Synthetische filterdiscs (SFD's) zijn hier ideaal voor. Poly-fil vulling ook perfect worden gebruikt als je het goed aandrukt.

Boor een opening om het even waar in de deksels. Als je **SFD's** gebruikt is "1/4-3/8" ideaal voor cirkels ter grootte van nikkels of kwartjes. Openingen van ongeveer "3/8" zijn geschikt als je polyfil gebruikt. Als je injectiespuiten gebruikt voor je inentingsmethode, heb je ook een kleine tweede opening nodig om te door immuniseren.

Snijd de cirkels uit. Doe er een gelijkmatige hoeveelheid siliconen omheen, net aan de rand van het gat in het deksel, en plaats de plaat erop. Wanneer je drukt op de randen van de cirkel om hem te beschermen met de silicone, belandt er soms wat in het gat. Let er dus op dat de silicone de ventilatie niet belemmert - veeg het voorzichtig weg met een gevouwen hoekje van een stuk keukenrol.

Als je een gaatje voor de immunisatie hebt gemaakt, breng dan een laagje siliconen aan over en rond die opening aan de twee kanten. De naald glijdt constant in en uit de pot maar laat zo geen vervuilingen binnenkomen, behalve als ze op de naald of de siliconen zelf zitten, waar je voorzichtig mee moet zijn voordat je immuniseert. Je deksels zijn klaar. Zet ze op hun potten en laat de silicone drogen. Als ze klaar zijn, vul je ze met het graan. Voor je eerste poging raad ik je aan om ze niet voorbij de **600 ml** te vullen.

Potten en graan schoonmaken:

Zorg ervoor dat je op de juiste manier snelkookt. Probeer de potten niet op de bodem van het fornuis te zetten. 'Save rings' werken zeer goed als stutten. Voeg water toe aan de laatstgenoemde, 1/4-3/4 inch, zodat je het hoogste punt van je stutten niet bereikt. Zet je oven op **"hoog"** en dan vliegen we erin.

Als je immuniseert met een spuit of in een 'glove box', kan het bevorderlijk zijn om de bovenkant van de potten te bedekken met een stukje folie, om een steriele injectie te garanderen. Op die manier komen verontreinigingen niet op de rand terecht. Zo neemt vocht op/in de snelkoker geen vervuiling op voor of tijdens de inenting. Zet de potten erin en plaats het deksel op de snelkookpan. Zet de koker aan tot hij een druk van 15 PSI bereikt, wat de maximale druk is op de meeste grote snelkokers.

Stel een klok in op 100-120 minuten zodra de nodige druk is bereikt. Verlaag de temperatuur omdat het nodig is om **15-16 PSI** te behouden. Aangezien de potten en hun inhoud tijdens het koken opwarmen, zal het wellicht af en toe nodig zijn om de oventemperatuur te verlagen.

Schakel de oven uit eenmaal 15PSI 100-120 minuten is behouden. Laat de druk vanzelf dalen - maak niet een beetje los. Laat de temperatuur ook van nature dalen. Dit duurt een paar uur, waarschijnlijk wel een uur of acht. Na de sterilisatie is je eerste stap met de potten om de korrels rond te schudden: zo doe je korrels die meer vocht hebben opgenomen aan de zijkanten of bodem van de pot, gelijkmatig circuleren. Wanneer het is afgekoeld en het vocht is gesetteld, zien de korrels eruit als hierboven. Ze zijn klaar om te immuniseren.

Inenting

Een cruciale stap. Dit is het moment van de waarheid voor jouw onderneming. Als er een eenzame spore of bacterie op je steriele granen terechtkomt, zal die je hele pot overnemen en verpesten. De paddenstoelensporen of -samenlevingen moeten het substraat wel bereiken. Dit kan je op een eenvoudige manier verzekeren door een aantal specifieke methodes te gebruiken.

In de mycologie zijn er ontelbare bronnen over en benaderingen van inspuiting. Ze kunnen allemaal werken, als je maar voldoende waakt over de steriliteit: stel de spuit en het substraat op geen enkel moment bloot aan besmetting. Uiteraard hebben verschillende methodologieën verschillende aandachtspunten en nadelen. Onderstaande uitleg maakt duidelijk welke methodes het beste passen bij je doelen – met uitzondering van de methodes in laboratoriumstijl, en een voorkeur voor methodes die enkel eenvoudige procedures bevatten.

Sporenspuiten zijn de minst veeleisende en meest eenvoudige manier waarop truffelliefhebbers paddenstoelen planten. Water bevat duizenden sporen die op voedsel ontkiemen en zich beginnen uit te breiden. De verschillende mycelia moeten de kans krijgen om te paren voordat ze de granen gaan koloniseren om ons echt bekwame stammen te leveren. Daarom moet je je granen VÓÓR inenting schudden en NIET één keer, inclusief de sporen! Egaliseer de granen voor de inspuiting. Voer alle stappen uit op een vlekkeloze plek zonder tocht. Buiten, net na een regenbui, biedt een perfecte verkoeling.

Schud goed met je spuit. Steriliseer de naald volledig met vuur; gebruik hiervoor een gewone aansteker, een 'burn lighter' of een 'liquor burner'. Verwijder de folie op de potten en steek de naald door het siliconen inoculatiegaatje. Elke pot heeft slechts een bescheiden hoeveelheid sporenarrangement nodig; 0,5-1 ml volstaat om een bevredigend resultaat te garanderen. Spuit de vloeistof op één tot vier plaatsen aan de zijkant van de pot, net voldoende om naar de onderkant te lopen. Schud het graan niet opnieuw om de sporen te verplaatsen. Het is het beste als ze dichtbijeen blijven.

De nederzetting in de linkse pot heeft ongeveer de perfecte grootte om te schudden en gelijkmatig over het hele substraat te worden verspreid. Het kan nodig zijn om een paar keer met de pot tegen je handpalm te slaan om een ontwikkelingsplek te scheiden. De rechtse pot heeft nog wat tijd nodig voor het de moeite is om ermee te schudden. Het zal eruitzien alsof het mycelium verdwijnt. Je ziet een lichte witte dofheid aan de buitenkant van granen die gekoloniseerd waren. Maak je geen zorgen! Het mycelium op/in die granen zal zich herstellen en snel nieuwe nederzettingen beginnen om de rest van de korrels te bedekken.

Wanneer de inhoud van de pot is gekoloniseerd met vast wit mycelium, is de pot klaar. Daarna belandt het meestal op een rek voor af en toe een sclerotia arrangement of om gebruikt te worden als de hotspot voor inspuitingen van verschillende potten.

Alles bij elkaar genomen zijn er TWEE essentiële **benaderingen** om ze te gebruiken, gerangschikt volgens toegankelijkheid voor beginners:

1. *Watersuspentie:*

Dit is een uitstekende techniek voor thuiskwekers zonder een 'still-air box', utilizing the silicone inoculation port on the jar covers, the everything air box can be prescribed because of client blunder or an undermined syringe. Het is basic en schoon en betrouwbaar als de bronpot maar GEEN vervuilingen bevat en de granen niet te veel gehydrateerd zijn, wat geen problem zou mogen zijn als je de graanvoorbereiding van deze Tek hebt gedaan.

Deze procedure zal vervelend lijken, behalve als je een hoogwaardige spuit van 30 ml of 60 ml aanschaft!

Vul een gezeefde pot met 200-400 ml water, bedek de bovenkant met folie en wikkel een ongevulde naald van een kwaliteitsspuit in folie. Steriliseer ze onder druk gedurende 40 minuten bij 15 PSI. Laat de druk en temperatuur vanzelf dalen tot kamertemperatuur. Gebruik het water niet als het nog warm is!

Verwijder op een smetteloze plek snel de folie van beide en steek de naald door de inoculatiepoort om water op te zuigen om de spuit te vullen. Spat ontsmettingsalcohol op de inoculatiepoort van je gekoloniseerde pot, genoeg om de hele poort te bedekken (i.p.v. slechts enkele druppeltjes die errond staan), maar niet zoveel dat er druppels door de opening zullen gaan.

Steriliseer de naald met vuur en steek hem dan meteen in de opening: infuseer het steriele water in de pot. Voeg minstens 40 ml toe, tot 100 ml voor een solide extractie. Schud daarna met de pot, zonder hem op zijn kant te draaien, om de korrels los te maken en het mycelium eraf te schudden. Als de pot al een paar dagen helemaal is gekoloniseerd, kan hier wat kracht voor nodig zijn. Als het al meer dan zeven dagen is, kan het erg moeilijk zijn om los te schudden. Zolang er nog maar geen truffelontwikkeling is, zal het echter wel lukken. Probeer het mycelium niet los te maken voordat je water toevoegt!

De korrels nemen heel wat water op, dus als er niet veel overtollig water meer is na het schudden, desinfecteer de naald dan met vuur iedere keer je water opzuigt of injecteert. Kantel de pot naar de inoculatiepoort zodat het myceliumwater binnen het bereik van de naald komt, en zuig het in de spuit.

Zo! Die watersuspensie van levend mycelium kan je makkelijk gebruiken om nieuwe potten te vaccineren of in de eerste pot met steriel water te spuiten. Verzwak het tot op zekere hoogte en versterk het potentieel.

2-10 ml kan in elke pot worden gespoten (infuseer niet overdreven veel als de nieuwe korrels al bijna te nat zijn) en de potten werden volledig geschud om het mycelium te verspreiden.

Dit is beter en optimaler dan door suiker verzorgde 'fluïde samenlevingen'. Elke vloeibare inspuiting heeft 2-6 dagen nodig om zich te herstellen en zichzelf op te bouwen in het nieuwe voedsel. Maar het graan zal het snel koloniseren! Het maakt een stevige en gelijkmatige opstelling van truffels mogelijk!

2. Overdracht van graan naar graan:

Dit is een verbazingwekkend succesvolle benadering om paddenstoelenkolonies uit te breiden en wordt vermoedelijk het meest gebruikt. Het vereist een smetteloze airconditioning, bijvoorbeeld een 'still-air box'

Als je steriele werkruimte en jijzelf klaar zijn, scheid dan gewoon het graan in de gekoloniseerde pot en overgiet/veeg alles af met ontsmettingsalcohol. In de 'still-air box' verwijder alle ringen van alle potten en daarna het deksel van de entpot. Houd de entpot in één hand, verwijder snel het deksel van een andere steriele graanpot, en giet een beetje van het gekoloniseerde graan uit de eerste pot. Zet snel het deksel van de nieuwe pot terug en doe hetzelfde met de volgende! Doe je best om de entkorrels gelijkmatig te verspreiden over de nieuwe containers.

Het belangrijkste gedeelte is klaar! Zet nu eenvoudigweg nog de ringen terug op de deksels en schud grondig om de ingespoten granen gelijkmatig te verspreiden tussen de nieuwe granen.

Ze gebruiken een behoorlijke hoeveelheid entkorrels, wat garandeert dat het substraat binnenkort grondig zal worden gekoloniseerd en dat er sowieso gelijkmatig sclerotia zullen groeien.

Bewaar je potten op een kamertemperatuur van 68-75F. Ze hebben geen "broedmachines" nodig. Ze zullen echter aanzienlijk trager groeien onder de 65F. Omringende verlichting kan de truffelgroei versnellen, dus draai de potten af en toe een beetje zodat deze positieve invloed gelijkmatig verdeeld wordt. Wanneer de truffels zich uniform aanpassen aan de potten, biedt licht normaal geen extra voordeel.

Doe jezelf een plezier: probeer die pot niet te openen. Wacht een week vanaf dit moment. Vanaf nu nog een week, ok"? Inderdaad, wacht nog een week. Ik weet het, ik weet het, maar vertrouw me. Wacht nog één week.

Oogst

Sommige aspecten moe worden is cruciaal voor het verwijderen van 3-maand-vaste roggecakes vol sclerotia. Licht geleegde fietsbanden zijn prima. Als je redelijk voorzichtig bent en alleen deze gebruikt, voorkom je dat je een glazen pot kapot maakt. Gewoonlijk zullen Ps. Galindoi en Ps. Mexicana meer dan 100 gram nieuwe sclerotia produceren, meestal wel 125 gram, tot een uitzonderlijk maximum van ca. 150 gram.

Bij nieuwe sclerotia die nu worden geoogst, wordt regelmatig een middenwaarde vastgesteld van tweemaal (x2) de sterkte van een gewone nieuwe Ps. Cubensis paddenstoel. De mycelia hebben over het algemeen het dubbele van de normale psilocybine-inhoud, en de paddenstoelen die eruit groeien zijn ook tweevoudige gewone Cubensis.

Bij de truffels komt dit deels door het lagere watergehalte per lichaamsgewicht van sclerotia dan van paddenstoelen, aangezien het sclerotia-mycelium nog niet in de vruchtfase is gekomen. Paddenstoelen van de twee soorten bestaan voor $9/10^e$ uit water, dus perfecte omstandigheden om bijna te vertienvoudigen van nieuwe naar droge ladingen. Truffels bestaan sowieso voor ca. 2/3^e uit water, dus ze bevatten nauwelijks meer dan drie keer de gedroogde besmettelijke massa dan paddenstoelen.

Dit impliceert dat gedroogde sclerotia normaal 2/3 de sterkte hebben van gewone gedroogde Cubensis. Hoewel de organische inhoud continue verschilt, vind je hieronder een aantal duimregels voor het modelgewicht van reguliere voorbeelden.

- 140 g nieuwe Galindoi sclerotia = 283 g nieuwe Cubensis-paddenstoel = 47 g gedroogde Galindoi sclerotia = 28,3 g gedroogde Cubensis-paddenstoel

- 5 g nieuwe sclerotia = 10 g nieuwe Cubensis = 1,66 gedroogde sclerotia = 1 g gedroogde Cubensis

Voor standaard micro-dosing is 0,5-1 g nieuwe sclerotia een goede hoeveelheid. Begin met kleine dosissen.

Het mooiste hieraan is dat je ze dan niet meer hoeft te oogsten. Ze kunnen nog een hele tijd in de potten blijven. Als het graan perfect is, kunnen ze zeker een half jaar bewaard worden, mogelijk zelfs een jaar, afhankelijk van hoe goed het kanaal vocht vasthoudt. Het mycelium blijft eten, ademen en verwerken. Hoewel dit onderwerp minder wordt onderzocht door, afgezien van sommige truffelorganisaties, beveelt men een kwaliteitsverhoging aan van max. x3 die van nieuwe Cubensis.

Hoofdstuk zestien

Materialen en benodigdheden voor het kweken

Het kweken van Psilocybinepaddenstoelen is een moeilijk proces. Je moet voorbereid zijn op inmenging door andere organismen. Maar als je de **standaardwerkwijzen** voor het kweekproces grondig hebt gevolgd, mag je zelfverzekerd zijn. Er is allerlei apparatuur en accessoires nodig voor de ontwikkeling van paddenstoelen op laboratoriumniveau of op grotere schaal. Je hebt alle benodigdheden nodig, zelfs als je paddenstoelen gaat kweken in je eigen tuin.

De paddenstoelenteelt vereist zowel eenvoudige als gespecialiseerde materialen. Er bestaan winkels die zich specialiseren in de paddenstoelenkweek, waar je de dingen kunt krijgen die je nodig hebt. Sommige materialen en apparaten die je nodig hebt, zijn verkrijgbaar in andere winkels, zoals een dierenwinkel, apotheek, enz. Je kunt de nodige materialen ook krijgen bij bouwmarkten en winkels voor keukenbenodigdheden.

De winkels waar je het materiaal kunt krijgen die nodig is voor de teelt van **Psilocybine-paddenstoelen**, zijn onder meer:

- Apotheek
- Tuincentrum
- Winkel voor paddenstoelenkwekers
- Doe-het-zelf-zaak
- Dierenwinkel
- Winkel voor brouwers
- Winkel voor keukenbenodigdheden
- Medische winkel
- Winkel voor wetenschappelijke toebehoren
- Supermarkt

Je hebt een aantal verschillende dingen nodig uit de bovengenoemde winkels. Nadat je alle apparatuur en toebehoren hebt verzameld, kun je beginnen met de paddenstoelenkweek. Laten we de belangrijkste materialen bespreken die nodig zijn voor de groei van paddenstoelen.

Petrischaaltjes:

Petrischalen zijn een van de belangrijkste toebehoren voor het kweken van paddenstoelen. De paddenstoelenculturen worden bereid in petrischalen en ze zijn een belangrijk onderdeel van het microbiologisch laboratorium. Een petrischaal valt onder de categorie glaswerk. Het is een object van glas of kunststof, doorschijnend en ondiep en heeft een loszittend deksel. Er zijn petrischalen van verschillende afmetingen en kwaliteiten op de markt. Er zijn ook herbruikbare petrischalen verkrijgbaar, maar die zijn duur. Als je een groot budget hebt, dan kan je herbruikbare petrischaaltjes kiezen. Voorgesteriliseerde petrischalen, die wegwerpbaar zijn en gemaakt zijn van polystyreen, zijn verkrijgbaar in sets van 20 tot 25 schaaltjes. Deze schaaltjes zijn niet duur en dus voordelig – maar tegelijkertijd zijn ze niet voordelig aangezien ze niet herbruikbaar en dus niet milieuvriendelijk zijn. Hoewel deze petrischalen gesteriliseerd zijn, moet je ze toch opnieuw schoonmaken met behulp van een magnetron en waterstofperoxide. De stappen voor het **steriliseren** van de petrischalen zijn:

- Gebruik afwasmiddel om alle petrischalen schoon te maken, maar wees voorzichtig tijdens het wassen.
- Neem een kleine hoeveelheid peroxide, ongeveer **3%**, en giet het in elke schaal. Draai de schaaltjes zodat de chemische stof alle kanten van de petrischaal bereikt. Doe hetzelfde met de deksels.
- Na het wassen open je de magnetron en zet je de stapel schaaltjes erin op middelmatig vermogen, totdat het peroxide droogt.
- Verpak de schaaltjes na sterilisatie in plastic zakjes of gebruik ze onmiddellijk.

Dit is de meest bruikbare en effectieve sterilisatiemethode, vooral als je met agar werkt. Merk op dat je de waterstofperoxide in je culturen kunt gebruiken en dat het de kans op besmetting verkleint. Het is niet aan te raden om waterstofperoxide te gebruiken wanneer de sporen aan het ontkiemen zijn. Je kunt petrischalen met een diameter van 50 mm gebruiken voor het bereiden van paddenstoelenculturen. Maar als je niet genoeg petrischaaltjes kunt verkrijgen, kan je een aantal andere dingen gebruiken, zoals Jelly Jars (van 4 ounces) of glazen containers. Het voordeel van deze materialen is dat ze herbruikbaar zijn. Maar ze nemen meer ruimte in en zijn niet doorzichtig zoals petrischalen.

Snelkoker:

Je vraagt je misschien af waarom we een snelkookpan gebruiken bij het kweken van paddenstoelen. Als je op de hoogte bent van de toepassingen en voordelen van zo'n koker, dan kan je het goed begrijpen. Snelkokers worden gewoonlijk gebruikt wanneer er ontsmetting nodig is bij het ontwikkelen van paddenstoelen. Gebruik altijd een hoogkwalitatieve koker om ongelukken te voorkomen. De kokers die in laboratoria worden gebruikt, zijn enigszins anders dan de kooktoestellen die als keukenproducten worden gebruikt. Gebruik een grotere koker voor laboratoriumgebruik, maar als je die niet kunt verkrijgen, kan je een koker van middelgroot formaat gebruiken. Daarnaast hangt de grootte ook af van je werk: hoeveel containers ga je in de koker plaatsen? Kies een koker die daarbij past. Wij gebruiken graag kokers van Amerikaanse merken zoals **Wisconsin Aluminium Foundry.** Zij maken de beste en betrouwbaarste kokers. Je kan een koker uitkiezen afhankelijk van jouw wensen. Er zijn diverse soorten kokers beschikbaar.

Sommige hebben een klep, de stoomafvoerklep.

Sommige hebben een "rocker", gemaakt van metaal. Die begint de stoom af te blazen op een specifiek gewichtspunt.

Dit tweede type kan riskant zijn omdat vloeistoffen in dergelijke fornuizen gaan borrelen en de inhoud kunnen vernielen.

Het eerste type wordt de **sterilisator** genoemd.

De degene met een rocker worden ook "**canners**" genoemd.

Mason jars:

Je kan Mason jars (soort weckpotten) gebruiken voor het kweken van paddenstoelen. De Mason jars van kwarts, in Ball-stijl zijn zeer toegankelijk. Potten met een eerder kleine opening zijn het beste voor het verwerken van graan. Controleer voor gebruik je containers telkens op barsten e.d. Deze containers zijn over het algemeen stevig. Soms kunnen ze echter barsten krijgen, dus controleer dit voordat je je paddenstoelen ontwikkelt.

Flacons voor vloeistof

Mediaflacons zijn net zoals petrischalen de basis van een laboratorium. Je kan je paddenstoelenculturen ontwikkelen in flacons als ze in een vloeibare structuur leven. Tijdens het reinigen kunnen zulke flacons probleemloos de vloeibare media vasthouden. Om deze reden zijn flesjes met een gematigd kleine opening nuttig. Je kan appelsapflessen met deksels gebruiken, die perfect werken als mediaflacons.

Deksels van Mason jars:

De deksels van Mason jars zijn belangrijk en moeten voor gebruik worden schoongemaakt. De plastic bovenkant, die hittebestendig zou moeten zijn, is ideaal om te gebruiken als deksel voor je Mason jars. De deksels moeten autoclaveerbaar zijn. Maak een gaatje in het deksel en zorg ervoor dat die in de kanaalcirkel past en laat je paddenstoelen zonder enig probleem ademen.

(Groenten- en fruit)zakjes:

Dit soort zakken zijn aanpasbare en hittebestendige plastic verpakkingen die ongetwijfeld grote hoeveelheden materiaal kunnen vasthouden. Deze zakken zijn autoclaveerbaar en laten de circulatie van gassen toe. Je kunt het substraat erin plaatsen en daarna ontsmetten en laten broeien. Verzegel het op dat moment. Deze zakken zijn aanpasbaar. Daardoor kunnen ze gebruikt worden voor enorme hoeveelheden inhoud. We kunnen het materiaal van deze zakken effectief analyseren op verontreinigingen, enzovoort.

Wanneer deze zakken opgewarmd worden, verliezen ze grotendeels hun veelzijdigheid. Ze zijn goed voor eenmalig gebruik. Zakken van goede kwaliteit, die na een eerste desinfectie in goede vorm blijven, kunnen twee keer worden gebruikt. Sommige boeren en paddenstoelenkwekers gebruiken 'stove packs' om hun oogst in te plaatsen. Hoe het ook zij, die laten geen circulatie van gassen toe. Ze zijn ook flauw en je kunt het materiaal erin niet herverdelen. Het is dus slimmer om ze niet te gebruiken. Als je van plan bent om grote hoeveelheden te produceren, kan je grote Mason jars gebruiken.

Filterdiscs:

Als we het hebben over het materiaal wordt gebruikt bij de teelt van paddenstoelen, zijn filterdiscs ook belangrijk. Ze worden gebruikt om de ruimte tussen het deksel en de opening van de pot af te dekken. Deze ringen maken de gasuitwisseling mogelijk. Filterdiscs zijn meestal gemaakt van synthetische vezels, wat een hittebestendig materiaal is. Ze kunnen ook op maat van de pot gesneden worden. **Tyvek** is een materiaal dat je kan gebruiken als voordelige vervanger van filterdiscs. Tyvek is dunner dan filterdiscs. Dus als we het tussen het deksel en de opening van de pot plaatsen, wordt het breder gesneden zodat het over de randen van de pot hangt.

Alcoholbrander:

Een alcohollamp is ook een cruciaal onderdeel van een laboratorium. Een alcoholbrander is gemaakt van glas met een metalen kraag. Er zit alcohol in de lamp en er steekt een draad uit de opening van de lamp. Deze draad wordt ontstoken en zorgt vervolgens voor een heldere vlam. Ter vervanging van een alcohollamp kun je ook een mini 'torch lighter' gebruiken. Die bevatten butaan en zijn verkrijgbaar in elektronicazaken. Een geschikte mini 'torch' heeft een goede solide basis.

Trechters:

Je zou zowel metalen als plastic trechters moeten hebben, maar ze moeten allemaal een smalle hals hebben. Deze trechters worden gebruikt om vloeistoffen en poeders makkelijk in potten e.d. te gieten.

Weegschaal:

Een digitale weegschaal, mechanische of elektrische weegschaal, zijn allemaal nodig voordat je begint met kweken. Gebruik altijd een weegschaal die nauwkeurig is tot op ongeveer 0,5 g, en tot 250 g kan wegen. Gebruik een weegschaal met een brede pan zodat alles erin past.

Scalpel:

Een scalpel wordt gebruikt om de culturen te snijden en over te brengen. Gebruik altijd wegwerpscalpels om besmetting te voorkomen. Een wegwerpscalpel met een blad van maat tien is handig voor je culturen. Ter vervanging van een scalpel kan je ook een aluminium X-Acto-mes gebruiken. Maar als je scalpels heeft, zijn die de beste optie.

Entingsoog:

Je bent reeds bekend met het entingsoog, dat wordt gebruikt om sporen of mycelium over te brengen naar agarplaten om de culturen te laten groeien. Het is gemaakt van metaal of hout met aan het uiteinde een kleine metalen lus. Je kunt het kopen bij wetenschapswinkels of winkels voor brouwers. Je hebt geen entingsoog nodig als je de kartonnen disc sporenkieming gebruikt.

Maatcilinders, maatbekers:

Gegradueerde cilinders zijn nodig om een exacte hoeveelheid vloeistof te meten. Meestal worden er cilinders van 1 liter, 100 milliliter en 10 milliliter gebruikt, waarmee je samen alle hoeveelheden kunt afmeten. Maatbekers en maatlepels zijn ook belangrijk bij het meten. Je kunt geen perfecte cultuur kweken als je metingen niet nauwkeurig zijn en je niet de exacte hoeveelheden gebruikt. Al je meetapparatuur moet eerst worden gesteriliseerd omdat ze de culturen anders zouden kunnen besmetten.

Spuiten:

Spuiten worden gebruikt voor het inenten van paddenstoelenculturen. Zulke gewone spuiten zijn te koop bij alle medische winkels of winkels voor dierenartsen. Steriliseer ook de spuiten voor gebruik.

Samenvatting: Bovenstaande toebehoren is noodzakelijk voor het kweken van culturen psilocybinepaddenstoelen. Al dit materiaal kan je verkrijgen in wetenschapswinkels, en sommige voorwerpen vind je ook in supermarkten. Daarnaast zijn er nog enkele benodigdheden, die we hieronder zullen bespreken. Je hebt zowel het materiaal als de benodigdheden nodig voor je Psilocybine-paddenstoelen kunt beginnen te kweken.

Benodigdheden:

Waterstofperoxide (3%):

Waterstofperoxide is een ontsmetter en wordt in de culturen gebruikt om besmetting te voorkomen. Je kan waterstofperoxide kopen in supermarkten of apotheken. De concentratie van waterstofperoxide kan van winkel tot winkel verschillen, dus controleer en bevestig altijd de concentratie (3%) voordat je het product gebruikt. Deze concentratie is niet schadelijk voor de mens, dus het is niet nodig om voorzorgsmaatregelen te nemen bij het omgaan met waterstofperoxide. In winkels zijn er echter ook 8 tot 35% geconcentreerde oplossingen verkrijgbaar, dus je moet voorzichtig zijn met de concentratie. Maar zelfs als je 3% concentratie gebruikt, draag dan handschoenen en bescherm je kleding. Concentraties van meer dan 3% kunnen brandwonden veroorzaken en is brandbaar, dus vermijd het gebruik hiervan. Als je waterstofperoxide verdunt, neem dan voorzorgsmaatregelen terwijl je ermee omgaat.

Isopropylalcohol:

Wat ga je gebruiken als brandstof voor alcohollampen? Het antwoord is isopropylalcohol. Deze stof wordt niet alleen gebruikt als brandstof, maar ook voor het desinfecteren van je handen en oppervlakken. Isopropylalcohol is verkrijgbaar bij apotheken en supermarkten. Je kan alle varianten gebruiken die in de winkel verkrijgbaar zijn in concentraties van 70% en 91%. Bij het gebruik van isopropylalcohol moet je extra voorzichtig zijn, want het is ontvlambaar. Houd alcohollampen e.d. dus uit de buurt van isopropylalcohol.

Bleekmiddel:

Om oppervlakken en gereedschappen grondig te reinigen, heb je bleekmiddel nodig. Een gemakkelijk te verkrijgen bleekmiddel volstaat. Het is niet nodig om bleekmiddel met detergenten te gebruiken, omdat dit je huid en gereedschap kan beschadigen.

Om mee te reinigen kan je het verdunnen, en voor het desinfecteren kan je 100% bleekspray gebruiken.

Parafilm:

Parafilm wordt gebruikt om de petrischalen af te dekken en is gemaakt van paraffine. Het is een elastische film die gasuitwisseling toelaat, maar verontreinigingen weghoudt. Je kunt het ook als entband kopen in tuinzaken. Je kan polyethyleen vershoudfolie gebruiken ter vervanging van paraffinefolie, maar vermijd Glad Wrap omdat dit niet gasdoorlatend is.

Chirurgische handschoenen:

Chirurgische handschoenen zijn ook gemakkelijk verkrijgbaar bij supermarkten en apotheken. Zulke handschoenen voorkomen dat je je culturen besmet met je handen en voorkomen ook dat je handen beschadigd raken of verbrand e.d. Steriliseer de handschoenen altijd voor gebruik en was je handen voor en na het gebruik van handschoenen. Maak je handschoenen ook schoon met een in alcohol gedrenkt papieren doekje.

Substraten voor de teelt van psilocybine-paddenstoelen:

Volledige granen:

Meestal wordt paddenstoelenteelt gestart met de productie van 'spawn'. Als je 'spawn' produceert, is het beste substraat hiervoor "volle granen". 'Spawn' is een mengsel van mycelium en substraat. Graan is het beste substraat omdat elke korrel functioneert als een capsule vol mineralen, voedingsstoffen en water. Het kan eenvoudig worden gekoloniseerd door schimmels, zoals paddenstoelen. Het vezelachtige omhulsel van graan beschermt de schimmels tegen andere organismen en voorkomt besmetting. Bij kolonisatie worden granen van elkaar gescheiden. Na kolonisatie gebruiken we het graan voor vaccinatie, en het graan zelf fungeert als voedingsreserve.

Je kunt elk graan gebruiken, maar we raden aan om korrels witte wintertarwe te gebruiken, omdat dit volgens experimenten het beste substraat is voor de groei van psilocybine-paddenstoelen. Een ander voordeel van het gebruik van tarwekorrels is dat ze geen verontreinigingen van andere organismen bevatten. Andere granen die je kan gebruiken, zijn onder meer rogge, maïs, gierst...

Gedroogd moutextract:

Mout wordt al jaren gebruikt als een substraat voor het kweken van culturen. De granen worden gemout en hun zetmeel wordt omgezet in gedeeltelijke suikers. De primaire voedingsbron van agarmedia is moutextract. Moutextract is gemakkelijk te verkrijgen bij brouwerijen. Als de mout donkerder is, betekent dit dat de suikers gekarameliseerd zijn. Als de suikers gekarameliseerd zijn, kunnen schimmels er niet op groeien. Gebruik dus geen donkere mouten.

Gistextract:

Gist is ook een voedingssupplement dat aan de rest van het materiaal wordt toegevoegd. Het is een goede bron van vitamines, mineralen en eiwitten. Je kunt gist gemakkelijk vinden in voedingswinkels of in de supermarkt.

Kalk of calciumcarbonaat:

Calciumcarbonaat is bij ons bekend onder verschillende namen zoals kalk, gehydrateerde kalm, oesterschelpmeel, kalksteenmeel en krijt. Het heeft verschillende toepassingen: het wordt bv. gebruikt voor het bufferen en handhaven van de pH van bodems en substraten, houdt verontreinigingen weg en fungeert als een bron van calcium voor groeiende schimmel. Schimmels groeien graag in licht basische media met pH 8, maar bacteriën en de meeste andere micro-organismen groeien niet bij deze pH.

Hoofdstuk zeventien

Micro-dosing met Psilocybine-paddenstoelen

Micro-dosing is het gebruiken van sub-perceptuele (onmerkbare) hoeveelheden van een hallucinogene substantie. Meerdere mensen die micro-dosing psilocobyne-paddenstoelen opgenomen hebben in hun weekplanningen, geven aan dat ze zich inventiever en levendiger voelen, met betere sociale vaardigheden, maar ook verminderde stress, angsten of zelfs depressie. Een paar aficionados rapporteren ook dat micro-dosing psilocybine hen geholpen heeft om hun mindfulness en vermogens te verbeteren. Hallucinogene specialisten hebben ook vastgesteld dat psilocybine een invloed kan hebben op stemmingsproblemen en stress. Daarnaast is er ook vastgesteld dat paddenstoelen bijna identieke of zelfs betere resultaten opleveren bij de behandeling van cerebrale pijnen dan de meeste traditionele medicijnen - meerdere individuen ervaren vermindering van migraine bij hallucinogene substanties. Gezien de positieve resultaten van volledige dosissen psylocybine, is er reden om aan te nemen dat micro-dosing ook positieve levensveranderingen kan veroorzaken.

Hoe kan je micro-dosen met psilocybine-paddenstoelen?

Micro-dosen met psilocybine-paddenstoelen is een eenvoudige procedure. Je moet je micro-dosissen klaarzetten, ze op het juiste moment verbruiken en een maandlang plan volgen om te garanderen dat je blijvende voordelen ervaart. We leggen dit alles hieronder in meer detail uit.

Je micro-dosis klaarmaken:

Psilocybine-paddenstoelen klaarmaken voor micro-dosing vereist meer tussenstappen dan micro-dosing met LSD, maar het proces is duidelijk. De moeilijkste stap is bepalen hoeveel psilocybine er in een specifieke paddenstoel zit. Verschillende soorten paddenstoelen bevatten verschillende hoeveelheden psilocybine, maar verse en gedroogde paddenstoelen bevatten ook verschillende hoeveelheden. Verschillende delen van de paddenstoel bevatten zelfs subtiel verschillende hoeveelheden. We stellen voor om in ieder geval een cluster paddenstoelen te drogen, ze te vermalen tot poeder en te verdelen in porties van 0.1 gram om mee te beginnen als microdosis. Daarna kan je de hoeveelheid variëren. Als je een dosis neemt waardoor je enige verandering voelt (voornamelijk luiheid, het voornaamste effect van psilocybine-trips), verminder de dosis dan tot altijd onder die hoeveelheid. Dat is je paddenstoleen micro-dosis 'sweet spot'. Je kan om het even welke soort psilocybine-paddenstoel gebruiken voor micro-dosing. De bekendste zijn Psilocybe Cubensis, Psilocybe Semilanceata, Psilocybe Azurecens, Psilocybe Cyanescens and Panaeolus. Zorg ervoor dat je weet hoeveel psilocybine je paddenstoelensoort bevat (de twee laatstgenoemde zijn bijvoorbeeld rijk aan psilocybine) en je microdosis daaraan aanpassen.

Stap-voor-stap instructies voor het nemen van een micro-dosis:

Er zijn een paar verschillende manieren waarop je een microdosis kan innemen. De redelijkste manier is om je dosissen te verpakken in lege hulzen. Dit garandeert gelijkmatige circulatie en verdoezelt de smaak. Een andere optie is een psilocybinethee maken door je ideale dosis op te lossen in heet water, met wat nectar. Dat gezegd zijnde, voel je vrij om dingen uit te proberen en het poeder te mengen in om het even welke drank je in de ochtend drinkt.

Welk micro-dosing schema moet ik volgen?

Diverse specialisten raden specifieke micro-dosing regimes aan. Men stelt voor om eenmaal een micro-dosis in te nemen op regelmatige **intervallen**: Neem een micro-dosis op dag 1. Neem er dan geen op dag 2 of dag 3. Op dag 4 neem je wel weer een micro-dosis. Volg deze procedure een tijdje.

Voor veel mensen is de ochtend het beste moment omdat de impact gedurende de dag blijft duren. Het is nuttig om iedere dag notities te nemen in een dagboek om de effecten doorheen de procedure te observeren en aan te passen aan je noden - of om simpelweg goede veranderingen op te merken.

Daarnaast is het ook cruciaal om je typische dagelijkse routines te volgen wanneer je aan micro-dosing doet. Het doel is namelijk om je dagelijkse présence te verbeteren door micro-dosing in je dagdagelijkse gedrag te incorporeren, dus doe geen andere dingen dan gewoonlijk. Dat gezegd zijnde, als je micro-dosing uitprobeert, neem dan eens een dag vrij. Dit zorgt ervoor dat je ongewone impacten kunt opmerken voor je begint met micro-dosen in openere omstandigheden.

Hoewel het misschien lijkt alsof je de impact van de micro-dosis enkel voelt wanneer je hem neemt, les ook op het effect op de twee dagen tussen de dosissen. Meerdere individuen merken een verruimde geest, inventiviteit en vitaliteit de dag nadat ze micro-dosen. Psilocybine en lion's mane kunnen allebei nieuwe neuronen en neurale paden maken en bestaande neurologische problemen oplossen. Dit mengsel kan geïncorporeerd worden in sommige behandelingen, waarbij dergelijke combinaties unieke resultaten opleveren, i.e. therapeutische vooruitgang bij het fixeren van neuronen, het verwijderen van amyloïde plaques, het verbeteren van psychologisch welzijn, inzicht, paraatheid en algemene cognitie.

Doorlopend micro-dosen is afgeraden. Aangezien het lichaam resistent wordt aan **psilocybine**, merk je waarschijnlijk onvermijdelijke verliezen op na een paar dagen als je ze elke dag neemt. Dit is de reden dat **Fadiman** voorstelt om een aantal dagen tussen elke dosis te laten. Ook het feit dat positieve resultaten soms vele dagen na een micro-dosis voelbaar blijven, is een goede reden om je dosissen te verspreiden.

Een andere reden om niet constant te micro-dosen is wennen aan een krachtige substantie. Dit kan je vergelijke met het drinken van espresso om efficiëntieredenen. Als je doorlopend espresso drinkt, moet je na een tijdje de dosis vergroten om eenzelfde impact te krijgen. Binnen een paar maanden wordt een kopje er twee, drie of vier. Het is beter om micro-dosing af en toe te gebruiken, en niet als een vaste go-to zoals espresso.

Voordelen van micro-dosing:

Micro-dosing heeft een aantal voordelen. De meesten micro-dosen over het algemeen om twee **redenen**:

1. Om de frequentie en kracht van ongewenste toestanden te verminderen die voortvloeien uit verschillende soorten psychologische problemen, zoals:

- Depressie
- Angststoornissen
- ADD/ADHD

- Stemmingsstoornissen
- PTSD
- Verslaving

2. Om de frequentie en kracht van aantrekkelijke toestanden te verhogen, zoals:

- Creativiteit
- Energie
- Flow
- Productiviteit
- Verbeterde connecties/vergrote sympathie
- Athletische coördinatie
- Verbeterd leiderschap

Aantrekkelijke toestanden:

Sommige individuen micro-dosen voor zelfbewustzijn of - stroomlijning. Verslagen stellen voor dat het verbeelding, efficiëntie en levendigheid zou kunnen verbeteren. Sommigen micro-dosen om hen te helpen bij business-problemen, nieuwe ideeën bedenken of twijfel verminderen. Micro-dosing kan je helpen door je sociale communicatieskills te verbeteren, maar ook je athletische toestand en mindfulness.

Gevaren:

Op een manier is de wet het gevaarlijkste aan micro-dosing. Het is cruciaal om je lokale wetten grondig te checken voor dat je begint met mirco-dosing, aangezien de straffen voor het bezit van psilocybine-paddenstoelen in talloze landen brutaal zijn. Soms is het mogelijk om legaal te micro-dosen. We staan niet achter illegale activiteiten. Afgezien van deze legale gevaren, lijkt micro-dosing een eerder veilige, niet-compromitterende manier om hallucinogenen te gebruiken. Psilocybine heeft een reputatie van veilig gebruik. De kleine dosissen geven een veiliger gevoel.

Leiderschap en micro-dosing:

Verandering en vooruitgang gebeuren vandaag de dag steeds sneller, dus pioniers moeten zich snel kunnen aanpassen. Geweldige pioniers moeten fantasievolle antwoorden kunnen bedenken voor onverwachte problemen, en potentiële problemen in hun voordeel gebruiken. Aan het voorfront van ieder veld heb je sterke innovatie nodig en bereidheid om taken op nieuwe manieren uit te voeren, rekening houdend met zowel korte- als langetermijnnoden. Bodendien wordt hedendaags leiderschap steeds minder hiërarchisch, dominant en krachtdadig (stereotype "mannelijke" eigenschappen) en is er steeds meer nood aan het vermogen om ruimtes te creëren waar de beste individuen samen kunnen komen en hun beste bijdrage kunnen leveren (zogezegd "vrouwelijke" eigenschappen).

Micro-dosing helpt je bij het versnellen van dit formatieve proces voor een nieuwe tijd van pioniers, omdat het inventiviteit, aanpassingsvermogen en diepe zelf-reflectie aanmoedigd. Micro-dosing kan daarnaast ook zelfzekerheid veroorzaken, wat je meer in contact brent met je gevoelens en

Printed in France by Amazon
Brétigny-sur-Orge, FR

16199131R00098